SOCIÉTÉ
DES
INGÉNIEURS CIVILS DE FRANCE

FONDÉE LE 4 MARS 1848

Reconnue d'utilité publique par décret du 22 décembre 1860

10, Cité Rougemont, 10

PARIS

ÉTUDE SUR LA TRANSFORMATION

DES

GRANDES GARES ALLEMANDES

PAR

M. P. HAAG

INGÉNIEUR EN CHEF DES PONTS ET CHAUSSÉES

EXTRAIT DES MÉMOIRES DE LA SOCIÉTÉ DES INGÉNIEURS CIVILS DE FRANCE

(Bulletin de mars 1894.)

PARIS

10, cité Rougemont, 10

1894

SOCIÉTÉ

DES

INGÉNIEURS CIVILS DE FRANCE

FONDÉE LE 4 MARS 1848

Reconnue d'utilité publique par décret du 22 décembre 1860

10, Cité Rougemont, 10

PARIS

ÉTUDE SUR LA TRANSFORMATION

DES

GRANDES GARES ALLEMANDES

PAR

M. P. HAAG

INGÉNIEUR EN CHEF DES PONTS ET CHAUSSÉES

EXTRAIT DES MÉMOIRES DE LA SOCIÉTÉ DES INGÉNIEURS CIVILS DE FRANCE

(Bulletin de mars 1894.)

PARIS

10, cité Rougemont, 10

1894

ÉTUDE

SUR LA

TRANSFORMATION DES GRANDES GARES ALLEMANDES

PAR

M. P. HAAG

REMANIEMENT GÉNÉRAL DES GARES DE DRESDE

État primitif et bases générales du remaniement en cours d'exécution

IV. — OBSERVATIONS GÉNÉRALES SUR
LES GARES PRÉCÉDEMMENT DÉCRITES : QUESTIONS D'ASPECT

V. — CONCLUSION

ÉTUDE SUR LA TRANSFORMATION

DES

GRANDES GARES ALLEMANDES

PAR

M. P. HAAG

INGÉNIEUR EN CHEF DES PONTS ET CHAUSSÉES

HISTORIQUE GÉNÉRAL DE LA QUESTION

Depuis une quinzaine d'années, les besoins croissants du trafic joints au désir d'améliorer les conditions générales des transports, ont amené le gouvernement allemand à remanier complètement la plupart de ses grandes gares. Le rachat des lignes appartenant primitivement à des Compagnies et la transformation de leurs réseaux en un certain nombre de grands réseaux d'État, ont puissamment contribué à hâter et à faciliter ce remaniement, d'une part en concentrant l'ensemble des voies ferrées sous une direction unique, d'autre part en intéressant directement les finances de l'État dans la réalisation de ces grands travaux.

Le tableau suivant permet de se rendre compte de l'importance des dépenses déjà effectuées ou de celles qui restent à faire.

DÉPENSES FAITES OU A FAIRE PAR L'ÉTAT

1° Chemins de fer de l'État prussien :

Berlin . .	1° Stadtbahn	68 000 000 marcs (1).
	2° Gare d'Anhalt	14 000 000
	3° Gare de Potsdam. . . .	10 000 000
Francfort.		24 850 000
Cologne		24 500 000
Hanovre		19 500 000
Dusseldorf		16 300 000
Halle		11 000 000
Brême.		9 500 000
Erfurt.		6 200 000
Munster		3 500 000
Hildesheim.		2 650 000

2° Chemins de fer de l'État saxon :

Gares de Dresde (premières prévisions).	50 000 000
ENSEMBLE.	260 000 000 marcs (2).

(1) 1 marc = 1,25 *f.*

(2) De ce total il faudrait déduire, il est vrai, certaines sommes provenant de la revente de parcelles de terrain non utilisées. Ces reventes ont atteint, comme on le verra plus

Soit au total une dépense de 325 millions de francs que doivent grossir encore les travaux relatifs à un certain nombre de transformations actuellement à l'état d'étude, celles des gares de Leipzig, de Hambourg et de Breslau, par exemple.

Des Compagnies privées, justement soucieuses des dividendes de leurs actionnaires, auraient reculé sans doute devant l'importance de pareilles dépenses. L'État, plus préoccupé des questions d'intérêt général, a pu les accepter, et, au point de vue économique, son initiative en pareille matière se trouvait pleinement justifiée, car l'accroissement considérable qui devait résulter de cette œuvre de transformation dans la puissance et dans la sécurité des transports, était destinée à réagir tôt ou tard d'une façon assurée sur l'ensemble de la prospérité publique.

La transformation des gares allemandes peut donc présenter un double sujet d'études, soit qu'envisageant la question à un point de vue exclusivement technique on examine les aménagements généraux et les dispositions très remarquables adoptées dans les nouvelles gares, soit qu'au point de vue financier et économique on cherche à se rendre compte des ressources avec lesquelles ces grands travaux ont pu être réalisés et de l'influence qu'ils exercent dès à présent sur le mouvement des recettes et sur le développement général du trafic. Mais, dans le travail actuel, je ne ferai qu'effleurer ce dernier et très intéressant côté de la question et je m'attacherai principalement au côté purement technique.

Lorsque s'est constitué, il y a une cinquantaine d'années, le réseau des chemins de fer allemands, en raison du morcellement du pays en nombreux États indépendants, les lignes se formèrent par tronçons assez courts et généralement convergents vers les capitales de chaque État. Il en résultait peu d'unité dans l'ensemble et des remaniements furent jugés nécessaires lorsqu'on se préoccupa plus tard de faciliter et de rendre plus rapides les communications à grande distance. Certaines lignes durent être rectifiées et des jonctions furent établies entre les différents tronçons qui primitivement ne se soudaient pas entre eux. Je me sou-

loin, pour les gares de Francfort et de Dusseldorf, des chiffres considérables. On doit remarquer, d'autre part, que dans le tableau ci-dessus il n'est tenu compte que de la part de l'État, ou plus exactement encore de l'administration des chemins de fer de l'État, dans les dépenses effectuées. Ainsi, pour la gare de Francfort, par exemple, la dépense totale, s'élevant à 36 millions en nombre rond, a été supportée pour un tiers par la Compagnie de la Hessische-Ludwigsbahn. A Dresde, d'autre part, le chiffre de 50 millions de marcs ne comprend ni les dépenses de voirie à la charge de la ville, ni les frais d'établissement du port de l'Elbe, supportés pour la moitié environ par le service de la navigation, etc.

viens d'avoir encore constaté, lors de mon premier voyage en Allemagne, les nombreux changements de trains et les fréquentes interruptions que comportait alors un grand trajet. Chaque État ayant son matériel spécial, un premier transbordement s'effectuait ordinairement à la frontière. Puis on arrivait dans la capitale à une gare terminus, et si l'on voulait continuer son voyage, il fallait recourir à l'usage de voitures de place pour traverser la ville et aller s'embarquer à un terminus opposé, ou tout au moins, et c'était le cas le plus favorable, faire à pied un certain parcours pour se rendre de la gare où l'on venait de débarquer à une gare plus ou moins voisine. Le voyage devenait, dans ces conditions, d'autant plus pénible que les billets directs n'existant pas encore, non plus que l'enregistrement direct des bagages, il fallait subir chaque fois tous les ennuis et les embarras d'une arrivée et d'un nouveau départ.

Tous ces inconvénients ont depuis bien longtemps disparu : avant même le rachat des réseaux, l'unification des lignes au point de vue de l'exploitation s'était déjà faite et, dans la plupart des villes, les gares terminus avaient été reliées entre elles soit par des soudures de rails lorsqu'elles étaient contiguës (comme à Leipzig, par exemple, ou pour les gares ouest de Francfort), soit par des lignes de jonction *(Verbindungsbahnen)* (comme à Francfort, entre les gares ouest et la gare est, ou à Dresde, entre les gares de la rive droite et de la rive gauche de l'Elbe).

Mais, malgré la satisfaction partielle que ces modifications donnaient aux besoins généraux du service et aux légitimes exigences des voyageurs, les gares anciennes, trop exiguës et en général mal conçues, n'en restaient pas moins défectueuses. Leurs aménagements, datant d'une époque où l'exploitation des chemins de fer en était encore à ses débuts, ne répondaient plus aux besoins actuels ; pour la plupart d'entre elles, d'ailleurs, les voies avaient été établies au ras du sol, nécessitant ainsi de nombreux passages à niveau qui, en raison du développement des villes aux abords des gares et de l'accroissement de la circulation sur les voies ferrées, causaient une double gêne au service des trains et au mouvement des piétons et des voitures.

CONSIDÉRATIONS GÉNÉRALES SUR LES SOLUTIONS ADOPTÉES :

Gares centrales ; Gares de passage ; Gares terminus.

Un remaniement radical s'imposait donc à ce double point de vue. On l'a réalisé dans la plupart des cas par la création d'une *gare centrale* unique dans laquelle ont été concentrés tous les différents services précédemment éparpillés dans plusieurs gares distinctes. Cette solution présentait le double avantage d'offrir de grandes commodités au public et de simplifier considérablement les services eux-mêmes.

D'après la condition de suppression des passages à niveau des rues, les voies devaient être en général relevées ou abaissées aux abords de la nouvelle gare centrale. Presque partout c'est la première de ces deux solutions qui a prévalu : dans la plupart des gares que nous aurons à décrire, les voies et les quais se trouvent établis à quatre ou cinq mètres au-dessus du sol des rues avoisinantes.

A un autre point de vue, la gare centrale pouvait être conçue sur le plan d'une gare terminus nécessitant un rebroussement ou d'une gare de passage. En général, c'est la seconde solution qui a été adoptée. La gare tête de ligne avec rebroussement obligé pour les lignes de passage n'a été jugée acceptable que pour certaines gares de la capitale ou pour des points très importants où la multiplicité des directions convergentes semblait rendre de toutes manières les changements de trains indispensables. (Exemple : gare centrale de Francfort, et nouvelle gare centrale de Dresde pour certaines directions.)

Dans ce dernier cas, les voies ont pu être exceptionnellement établies au niveau du sol des rues lorsque la situation de la gare permettait de le faire sans imposer de passages à niveau gênants pour la circulation de la ville.

Plus généralement, c'est le système des gares de passage qui a été jugé préférable, mais quelquefois la gare qui est de passage pour les principales directions, se trouve tête de ligne pour les directions secondaires.

Utilisation des anciennes gares et de leurs lignes de jonction : création de services urbains.

Dans quelques cas les anciennes gares ont été abandonnées et démolies. Quelquefois elles ont été transformées en gares de marchandises. D'autres fois, enfin, quand elles se trouvaient éloignées de la gare centrale nouvelle, elles ont été conservées à titre de gares secondaires. En principe alors tous les trains arrivent à la gare centrale ou la traversent, et quelques-uns d'entre eux passent par les gares secondaires et y font halte.

Enfin, ces gares secondaires et les lignes de jonction qui les reliaient primitivement à la gare principale devenue centrale, peuvent constituer dans certains cas les éléments d'un réseau urbain lorsque la situation de ces lignes de jonction par rapport à la ville et à ses extensions se prête à l'établissement d'un service local de transports. Les lignes appelées ainsi à devenir la base d'un réseau métropolitain futur doivent être, bien entendu, aménagées en conséquence (1).

C'est ainsi qu'à Berlin, en particulier, les anciennes lignes de jonction des gares ont constitué le chemin de fer de ceinture contournant la ville par ses faubourgs, tandis que la création de la Stadtbahn comportait l'établissement d'une série de grandes gares centrales échelonnées sur son parcours (Zoologischer Garten, Friederichstrasse, Alexanderplatz, Schlesischer Bahnhof). On peut dire en quelque sorte dans ce cas spécial que la Stadtbahn tout entière constitue au point de vue du trafic des grandes lignes une sorte d'immense gare centrale traversant la ville de l'ouest à l'est, tandis qu'au point de vue urbain elle forme l'axe d'un métropolitain dont la ceinture représente la ligne circulaire faubourienne.

Principes généraux adoptés pour l'aménagement des nouvelles gares.

Avant d'entrer dans la description détaillée des grandes gares nouvelles dont la première en date, celle de Magdebourg, a été inaugurée en 1876, et dont la dernière, celle de Dresde, est à peine commencée, il n'est pas sans intérêt de formuler certaines règles générales qui se dégagent de l'étude comparative des aménagements de ces différentes gares en dehors des dispositions spéciales que dans chaque cas les circonstances locales ont imposées.

Un premier principe généralement admis consiste dans la localisation absolue des différents services. Ainsi les gares impor-

(1) Nous verrons à la fin de cette étude, à propos des transformations des gares de Dresde, un exemple remarquable d'une solution de cette nature.

tantes présentent des parties essentielles absolument distinctes qui sont :

1° Service des voyageurs ;

2° Service des marchandises (service de triage ; service de chargement et de déchargement) ;

3° Service de la traction (dépôts ; remises de locomotives et wagons) ;

4° Ateliers de réparations, généralement isolés aussi complètement que possible du reste de la gare.

Je m'occuperai plus particulièrement dans ce travail des bâtiments et des aménagements affectés au service des voyageurs. Au point de vue spécial de ce service je noterai encore les principes suivants qui ont été observés autant que possible :

1° Exclusion de toute traversée de voies à niveau par les voyageurs à l'intérieur de la gare.

2° Réduction au minimum des trajets à effectuer par les voyageurs en supprimant tout détour inutile, toute montée ou descente qui n'est pas indispensable.

3° Création de quais spéciaux pour le service des bagages et des postes, de façon à désencombrer les quais de voyageurs.

Classement des gares nouvelles en quatre types généraux.

1° GARES DE PASSAGE.

Premier type. — Étant donnée la situation généralement surélevée des voies, la disposition adoptée à Hanovre et fréquemment reproduite depuis lors, consiste à établir en avant des voies le bâtiment des voyageurs avec salle des Pas-Perdus, salle des bagages, salles d'attente, restaurant, etc., le tout au niveau de la cour d'accès qui est elle-même au niveau des rues avoisinantes. L'accès des quais surélevés a lieu au moyen de tunnels transversaux sur lesquels s'embranchent des escaliers perpendiculaires à la direction de ces tunnels et débouchant sur les quais d'embarquement et de débarquement auxquels ils sont parallèles. Dans certains cas des tunnels spéciaux sont réservés pour la sortie des voyageurs, et cette sortie s'effectue par un vestibule distinct de la salle d'entrée. En général, le service des bagages et des postes se fait par des tunnels particuliers qui débouchent sur les quais affectés exclusivement à ces services.

Les gares de Hanovre, de Brême, de Munster, de Gœttingue, se rapportent à ce premier type général qui convient plus particulièrement au cas où le service de transit l'emporte comme importance sur le service local, et où par conséquent les salles d'attente sont relativement moins fréquentées.

En effet, l'inconvénient de cette disposition consiste dans la distance un peu grande qui sépare les quais d'embarquement et de débarquement des salles d'attente situées à l'étage inférieur. Pour éviter ce trajet aux voyageurs de transit qui n'ont qu'un court temps d'arrêt à passer dans la gare, on a même été conduit dans certains cas à établir sur les quais de petites salles d'attente auxiliaires avec des buvettes.

Second type. — C'est en développant et transformant cette dernière disposition adoptée pour pallier aux inconvénients mentionnés ci-dessus, qu'on s'est trouvé conduit à un second type réalisé à Hildesheim d'abord, reproduit ensuite à Dusseldorf, à Erfurt et à Cologne, et dans lequel le bâtiment des voyageurs se trouve dédoublé en quelque sorte, la salle des Pas-Perdus, les locaux affectés à la distribution des billets, à l'enregistrement et à la délivrance des bagages restant comme précédemment au niveau du sol des rues et dans un bâtiment élevé en avant des voies, tandis qu'un second bâtiment situé au niveau même des voies sur un quai central considérablement élargi comprend les salles d'attente, les buffets, etc., et se trouve relié au premier bâtiment au moyen de tunnels transversaux. Cette disposition est surtout avantageuse lorsque le mouvement des voyageurs peut se concentrer presque exclusivement sur un quai unique. Il en est ainsi en particulier lorsqu'en dehors de lignes de passage peu nombreuses, la station sert de tête de ligne pour un certain nombre d'embranchements secondaires dont les voies viennent aboutir au quai central. Ces voies pénètrent alors entre des quais longitudinaux qui prolongent le quai central entre chacun de leurs groupes. Seulement cette disposition oblige à donner plus de développement en longueur aux quais et aux halles qui les recouvrent.

S'il y a plusieurs lignes de passage comportant un certain nombre de quais secondaires distincts, les voyageurs sont forcés, pour y accéder, ou bien de franchir à niveau les voies, ou bien de redescendre dans les tunnels pour remonter par d'autres escaliers, ce qui, de toute manière, constitue un inconvénient assez grave.

Troisième type. — Une dernière disposition pour gare de passage, celle réalisée à Halle et adoptée également pour la gare centrale de Dresde, consiste à établir la gare tout entière dans une sorte d'îlot, au milieu des voies. Dans ce cas, la gare et sa cour d'entrée doivent être accessibles au moyen d'une rue ou d'un boulevard passant sous un double pont qui porte les voies entre lesquelles est établi le bâtiment des voyageurs. Des tunnels transversaux avec escaliers servent toujours à accéder aux quais d'embarquement et de débarquement. Mais l'avantage de cette solution est de rassembler tous les locaux de la gare dans une situation plus centrale par rapport aux voies.

A Halle, comme à Dresde, les salles d'attente sont placées au niveau du sol, afin d'éviter aux voyageurs des montées et descentes inutiles pour atteindre les quais secondaires. Mais à Dresde, plus encore qu'à Halle, cette disposition se trouve justifiée, car la gare, à la fois de passage et tête de ligne, devra présenter deux étages de voies, et un certain nombre de lignes terminus viendront aboutir au quai transversal sur lequel s'ouvriront directement les salles d'attente.

2° GARES TERMINUS.

Quatrième type. — Un quatrième type, enfin, comprend les gares terminus. Ces gares ne se rencontrent guère, comme je l'ai déjà fait observer, qu'à titre exceptionnel, mais elles se trouvent représentées cependant par deux spécimens très remarquables, la gare d'Anhalt à Berlin et la gare centrale de Francfort.

DESCRIPTION DÉTAILLÉE DES GARES

J'aborderai actuellement la description détaillée de quelques gares dont la situation dans le réseau général des chemins de fer allemands est indiquée sur la carte d'ensemble ci-jointe (*Pl. 99, fig. 1*). Mais, au lieu de classer ces gares dans l'ordre géographique où elles se présentent, je les grouperai d'après la classification ci-dessus indiquée et je commencerai par la gare de Hanovre.

PREMIER TYPE (Hanovre, Brême, Munster, Gœttingue).

1° **Hanovre**. — Depuis longtemps, les principales lignes pas-

sant par Hanovre avaient leur gare commune au centre de la ville
(lignes de Wunstdorf, c'est-à-dire Cologne et Brême ; de Lehrte,
c'est-à-dire de Hambourg, Berlin, Brunswick, Hildesheim ; enfin,
ligne de Cassel et Francfort). Seule, la ligne secondaire d'Altenbecken aboutissait à une gare spéciale ; mais la gare principale,
très centrale par sa situation dans la ville, n'était pas assez largement aménagée en vue du développement du trafic, et la position des voies au niveau des rues avoisinantes constituait une
situation des plus fâcheuses à laquelle il fallait, à tout prix, porter
remède.

Les bases du remaniement général ainsi décidé furent :

1º Suppression aussi complète que possible des passages à
niveau des rues.

2º Séparation absolue des services de voyageurs et de marchandises.

3º Suppression de croisements à niveau des voies entre elles.

En outre, la ligne secondaire d'Altenbecken devait être reliée à
la nouvelle gare centrale.

La réalisation de ce programme a été obtenue *(Pl. 99, fig. 2)* par
la surélévation générale des voies à 4 m au-dessus du sol dans
toute la traversée de la ville. Seules, les gares de marchandises
et de triage raccordées par des rampes douces avec les voies relevées ont été maintenues au niveau primitif, mais tout en évitant
de couper des rues par leurs voies.

Les trains de voyageurs, auxquels ont été réservées des voies
tout à fait distinctes, ne traversent plus, comme précédemment,
la gare de triage, où pénètrent seuls les trains de marchandises,
et les différentes directions se dégagent les unes des autres par
des passages inférieurs ou supérieurs.

Ainsi se trouvent réalisées les conditions du programme qu'on
s'était imposé.

L'ensemble des travaux, terminés en 1881, comprend :

1º Une gare nouvelle de voyageurs.

2º Une gare de marchandises.

3º Une gare spéciale de grosses marchandises et de produits
bruts.

4º Des ateliers.

5º Un ensemble d'habitations *(Leinhausen)* pour divers employés
et cent deux familles d'ouvriers.

6º Une usine à gaz.

7° Vingt-deux passages inférieurs pour rues et deux passerelles supérieures pour piétons au-dessus des voies des gares de marchandises et de triage.

8° Dix-huit cents mètres courants de murs de soutènement.

9° Plus de soixante-huit mille mètres de voies courantes, etc.

Sur la demande de la municipalité, le bâtiment des voyageurs a été maintenu dans la position centrale qu'il occupait dans la ville, mais toutes les autres installations ont été rejetées à une assez grande distance et se trouvent échelonnées le long des voies sur une longueur de près de 7 *km*.

La gare des voyageurs de Hanovre est restée le type des gares de passage surélevées avec bâtiment latéral. J'en indiquerai donc, avec quelques détails, les dispositions essentielles (*Pl. 100, fig. 2*).

Tous les locaux affectés à l'usage du public sont au niveau même de la place sur laquelle est édifiée la gare. Au centre, faisant saillie, la salle des Pas-Perdus, avec 30,50 *m* de largeur sur 25,48 *m* de profondeur et 18,20 *m* de hauteur, accessible par sa façade et par ses côtés et éclairée par de grandes baies supérieures, présente en son milieu une sorte de kiosque où sont installés les guichets de distribution de billets. A droite et à gauche, s'ouvrent de spacieuses galeries longeant les locaux destinés à la distribution et à l'enregistrement des bagages, et, au delà, les salles d'attente de 1re et 2° classe à droite, de 3e et 4e classe à gauche.

Un tunnel central de 7 *m* de largeur s'ouvre dans l'axe même de la salle des Pas-Perdus. Deux tunnels secondaires de 4 *m* de largeur desservent les salles d'attente, les mettant directement en communication avec les quais et évitant aux voyageurs l'obligation de repasser par la salle des Pas-Perdus pour se rendre à l'étage supérieur. En raison de l'existence de ces trois tunnels, l'établissement d'un tunnel spécial de sortie n'a pas été jugé nécessaire. La solution d'une sortie spéciale n'est pas, d'ailleurs, sans offrir quelques inconvénients. Elle oblige, en général, les voyageurs débarquant des trains à faire un assez long trajet sur les quais, pour atteindre l'escalier réservé à leur sortie, et produit ainsi sur ces quais des courants de circulation gênants pour les voyageurs au départ.

Actuellement, la gare de Hanovre est gare de passage pour les lignes de :

Berlin-Cologne,
Francfort-Brême.

Elle est gare de rebroussement pour celle de :

Francfort-Hambourg.

Elle est tête de ligne, enfin, pour les directions de :

Brunswick et Altenbecken.

Les voies de ces différentes lignes sont classées dans l'ordre suivant, à partir du bâtiment des voyageurs :

1° Deux voies de la ligne secondaire Hanovre-Altenbecken, espacées de 11,75 m d'axe en axe ;

2° Deux voies de la ligne de Hambourg à Cassel et Francfort, espacées de 13 m ;

3° Deux voies de marchandises, espacées de 7 m ;

4° Deux voies de la ligne Berlin-Cologne, espacées de 20,50 m ;

5° Une voie tête de ligne pour la direction de Brunswick.

Les quais affectés au service des bagages sont reliés au bureau d'enregistrement et de distribution au moyen de tunnels spéciaux et de monte-charges hydrauliques.

Pour obvier à l'inconvénient qui résulte de l'éloignement des salles d'attente, buffets, water-closets, etc., on a construit, sur le quai de 20 m une salle à manger de 140 m de superficie spécialement destinée à la table d'hôte pour les voyageurs de Berlin-Cologne, et des water-closets ont été établis sur tous les quais.

Les quais sont recouverts par deux halles de 37,12 m de portée chacune et de 167,50 m de longueur. L'espace correspondant aux deux voies de marchandises reste en partie à ciel ouvert, afin de permettre une aération plus complète. Les deux halles longitudinales sont reliées dans leur partie centrale par une halle transversale de même hauteur et de 38,50 m de portée.

L'exécution des travaux avec maintien de la circulation pendant la période de transformation ne s'est pas faite sans d'assez grandes difficultés, et a nécessité la construction de gares et d'installation provisoires qui n'ont pas coûté moins de 745 000 marcs. Commencés en 1875, les travaux ont été achevés en 1881. De la dépense générale de 21 260 000 marcs, on doit défalquer 1 780 000 marcs provenant de reventes de terrains, subventions diverses, etc. La dépense réelle s'élève donc à 19 480 000 marcs, et la construction du bâtiment des voyageurs entre pour 2 785 000 marcs dans ce total.

2° **Brême.** — Les gares de Brême, Munster, Gœttingue, se rattachent directement à celle que nous venons de décrire, avec laquelle elles présentent d'étroites analogies. Ce sont des gares du premier type.

A Brême, la création de la nouvelle gare a permis de réunir les lignes de Brême à Hanovre et de Venlo à Hambourg, qui aboutissaient autrefois à des gares distinctes, en même temps que le relèvement général des voies transformait en passages inférieurs les anciens passages à niveau de nombreuses rues transversales. La gare reproduit à peu près complètement les dispositions de celle de Hanovre, mais dans des proportions plus petites, appropriées à l'importance restreinte du trafic (Pl. 100, fig. 2). Seule, la salle des Pas-Perdus a reçu des dimensions assez grandes, 32 m de largeur sur 36,50 m de profondeur, ce qui a permis l'installation dans le fond même de cette salle du service des bagages.

Par suite, les salles d'attente ont pu être accolées immédiatement à la salle des Pas-Perdus, et la construction de tunnels spéciaux pour le service de ces salles n'a pas été nécessaire. L'accès des quais se fait au moyen de deux tunnels de voyageurs débouchant au fond de la salle des Pas-Perdus et entre lesquels sont établis deux tunnels de bagages de largeur égale. En dehors des salles d'attente ordinaires, la gare renferme encore une vaste salle d'attente pour les émigrants. L'ensemble des quais est recouvert par une halle de 59,30 m de portée.

3° **Munster.** — A Munster, gare de trafic relativement assez faible, au point de croisement des lignes de Venlo à Hambourg et de Westphalie, tout en conservant le type général de Hanovre, on y a introduit des simplifications plus grandes encore (Pl. 100, fig. 3). Un seul tunnel, de 5,70 m d'ouverture, fait suite à la salle des Pas-Perdus, qui n'a que 14 m de largeur.

A droite, en entrant dans cette salle, on trouve les guichets, puis, après un passage conduisant à l'une des salles d'attente, les tables d'enregistrement et de distribution de bagages, et derrière le local affecté à ce service, un tunnel spécial avec monte-charges.

A gauche, une petite salle d'attente réservée pour les dames, et après un passage conduisant à la seconde salle d'attente, des cabinets de toilette et water-closets. Sur les quais se trouvent d'autres water-closets, et sur le quai du milieu, une petite salle d'attente auxiliaire. Enfin, le service de la poste, installé dans un bâtiment distinct, est relié aux quais par un tunnel spécial. Le peu d'importance du trafic local a permis sans inconvénient de supprimer les quais spéciaux pour le service des bagages.

4° **Gœttingue.** — La gare de Gœttingue, achevée en 1888, se rattache toujours au même type *(Pl. 100, fig. 4).* Elle résulte d'une simple transformation de l'ancienne gare, dont les bâtiments ont été conservés en partie. Les voies n'ayant pu être relevées que de 2 m environ et les salles d'attente ayant été maintenues comme avant la transformation au niveau des voies et débouchant directement sur le quai de la voie unique Bebra-Hanovre, la salle des Pas-Perdus, afin d'éviter au voyageur des montées et des descentes inutiles, a été établie au niveau de la cour d'accès, c'est-à-dire à 2 m environ en contre-bas du niveau des salles d'attente, et à 2 m au-dessus du tunnel unique et fort large qui conduit au quai central servant aux deux voies de la ligne Cassel-Hanovre, ainsi qu'à une voie terminus sur Bebra.

L'inconvénient de cette disposition consiste dans la nécessité de monter et de redescendre des escaliers pour atteindre le quai central depuis les salles d'attente. Afin d'atténuer cet inconvénient, un petit buffet auxiliaire et des water-closets ont été installés sur ce quai.

Dans cette gare, qui ne résulte en définitive que d'une transformation de la gare primitive, on a renoncé à l'établissement de tunnels spéciaux pour le transport souterrain des bagages, ce qui eût exigé un remaniement trop radical.

Les bagages, montés au niveau des quais par des rampes latérales, sont transportés par wagonnets en franchissant à niveau les voies.

SECOND TYPE
(Hildesheim, Dusseldorf, Erfurt, Cologne, Magdebourg).

1° **Hildesheim.** — La gare d'Hildesheim est la première qui se rattache au second des types généraux que nous avons précédemment décrits. Cette gare *(Pl. 100, fig. 5 et 6)* comprend deux bâtiments distincts :

1° Un bâtiment latéral s'ouvrant de plain-pied sur la cour d'accès, avec salle des Pas-Perdus, distribution des billets et service des bagages ;

2° Un bâtiment central, établi dans une sorte d'îlot au milieu des voies sur un large quai, renfermant les salles d'attente et les buffets, installés au niveau même des voies, à 4 m au-dessus de la cour d'entrée de la gare.

2

Les deux bâtiments sont reliés par des tunnels.

L'inconvénient général de cette solution consiste en ce que les quais secondaires ne sont accessibles depuis les salles d'attente qu'en franchissant à niveau des voies ou en imposant aux voyageurs l'obligation de descendre ou de remonter des escaliers.

Les gares de Dusseldorf, Erfurt, Cologne, dérivent directement de celle d'Hildesheim, et se rattachent, par conséquent, au second type du classement général.

2° **Dusseldorf.** — A Dusseldorf, la gare est entièrement nouvelle. La gare primitive, qui était à rebroussement pour les principales lignes, a été remplacée par une gare de passage construite sur des terrains acquis, à cet effet, à 800 m environ du point d'établissement primitif *(Pl. 99, fig. 3 et 4)*. Ce déplacement, qui avait l'inconvénient d'éloigner un peu la gare du centre de la ville, a permis, par contre, de donner plus d'ampleur à ses proportions et aux voies d'accès qui y conduisent. Il a permis également une revente avantageuse des terrains occupés par l'ancienne gare (1). Un bâtiment latéral *(Pl. 100, fig. 7)* renfermant la salle des Pas-Perdus, avec guichets de billets à droite, salle des bagages à gauche, est relié par un large tunnel de 7 m d'ouverture avec le bâtiment central installé dans l'îlot formé par un quai spacieux établi au milieu des voies. Ce quai se trouve bordé par les voies de Berlin-Cologne et d'Elberfeld-Aix-la-Chapelle, espacées de 54,80 m d'axe en axe. A ses extrémités aboutissent en outre les voies terminus de lignes secondaires. Le bâtiment central a 33,80 m de large sur 70,30 m de long. Il renferme les salles d'attente, les salons de réception, des bureaux et un guichet auxiliaire pour éviter aux voyageurs de transit qui veulent continuer leur route l'obligation de descendre dans le tunnel et de se rendre dans la salle des Pas-Perdus pour y prendre un nouveau billet. Au centre de ce bâtiment est une cour centrale vitrée, ayant la forme d'un carré de 23,50 m de côté. Cette cour sert de vestibule aux salles d'attente : on y accède depuis le bâtiment latéral par un escalier qui se trouve placé à l'extrémité du tunnel.

Il existe en outre un tunnel spécial pour le service des bagages, et un tunnel pour le service de la poste, dont les bureaux sont installés à droite du bâtiment latéral.

Ces deux tunnels communiquent avec le quai central au moyen de monte-charges hydrauliques.

(1) Cette revente a produit une somme de 6 millions de marcs à défalquer du total général des dépenses.

Enfin, un tunnel de sortie, de même largeur que le tunnel d'entrée, conduit à un vestibule spécial de sortie.

Le quai central ayant une grande largeur, les inconvénients signalés plus haut pour les sorties spéciales ne sont pas à redouter dans ce cas.

Les tunnels de la poste et des bagages sont reliés sous le bâtiment central par un tunnel longitudinal auquel aboutit également un tunnel de service venant de l'autre côté des voies. Ce tunnel longitudinal facilite la manutention des bagages, et permet d'éviter le transport de ceux-ci par wagonnets d'une extrémité du quai central à l'autre.

La traversée des rails par les voyageurs n'est pas complètement évitée. Elle reste nécessaire pour atteindre les voies qui ne sont pas en contact immédiat avec le quai central.

3° **Erfurt.** — ERFURT est gare de passage pour la ligne de Halle-Eisenach, tête de ligne pour celles de Nordhausen et Sängerhausen.

C'est dans l'îlot compris entre les deux voies de la ligne de passage qu'est établi le bâtiment central *(Pl. 100, fig. 8)*. Les dispositions générales sont analogues aux précédentes. Dans le bâtiment latéral, la salle des Pas-Perdus avec les guichets à droite; les bagages, à l'arrivée et au départ, à gauche : un tunnel de 6 m de largeur s'ouvrant dans l'axe de cette salle conduit à un spacieux vestibule ménagé au milieu du bâtiment central ; un escalier à double rampe, établi dans le centre de ce vestibule, sert d'accès aux deux salles d'attente qui s'ouvrent à droite et à gauche. En face de l'escalier et au niveau supérieur est installé un guichet de billets auxiliaire, pour l'usage des voyageurs de transit. Le bâtiment central a 96,50 m de long sur 21,30 m de large. A droite, au delà des salles d'attente de 1re et 2e classe, sont les salons de réception. A gauche, au delà des salles d'attente de 3e et 4e classe, il y a des locaux de service. Trois tunnels spéciaux respectivement réservés au transport des bagages, de la poste et des messageries (grande vitesse) aboutissent à des ascenseurs établis sur le quai central. Enfin, un tunnel spécial de sortie de 3,75 m de largeur, débouchant à l'est du bâtiment central, est destiné à faciliter la sortie pour les voyageurs des lignes de Nordhausen et Sängerhausen dont les voies terminus aboutissent à cette extrémité du quai. On n'a pas réservé de quais spéciaux pour le service des bagages.

4° **Cologne.** — La nouvelle gare de Cologne occupe à peu près le même emplacement que la gare ancienne, au centre même de la ville et à côté de la cathédrale *(Pl. 99, fig. 5)*. Elle est reliée directement par le pont du Rhin avec la gare de Deutz et les lignes de la rive droite, et par un circuit qui contourne la ville avec la ligne de Bonn et Coblence qui suit la rive gauche du Rhin et qui avait primitivement un terminus spécial. Sur cette ligne de jonction, qui peut être appelée plus tard à rendre des services importants au point de vue du trafic local, on a déjà établi deux stations secondaires (Sudbahnhof et Westbahnhof), cette dernière près du jardin public.

La nouvelle gare surélevée au-dessus du sol des rues voisines appartient au second type *(Pl. 100, fig. 9 et 10)*. Un bâtiment latéral, de plain-pied avec la place d'accès, renferme les guichets de billets et le service des bagages. Ce service s'effectue dans un local unique servant à la fois à l'enregistrement et à la distribution et qui est situé entre le vestibule d'entrée et celui de sortie. Les guichets de billets sont installés latéralement, de façon à ne pas masquer l'entrée du tunnel qui conduit au vaste quai central sur lequel est établi le bâtiment renfermant les salles d'attente et les buffets. L'arrivée du tunnel d'accès se trouve à l'entrée sud de ce bâtiment, tandis qu'à l'autre extrémité s'ouvre le tunnel de sortie qui, après avoir longé les tables de distribution de bagages, débouche sur la place en face même de stations de voitures. Le quai central, auquel on a donné 55 m de largeur, sert en même temps de quai de tête pour quatre voies du côté nord, et pour trois voies du côté sud.

Le mode de couverture a été longuement discuté. On avait à recouvrir une surface de quais et de voies de 255 m de longueur sur 92 m de large. On ne pouvait songer à le faire au moyen d'une halle unique, et d'autre part, il semblait désirable, pour la commodité de l'exploitation et de la circulation, de donner 65 m de portée à la halle, recouvrant le quai central et le bâtiment des salles d'attente, de manière à rejeter en dehors du quai central les points d'appui de cette halle. Mais l'adoption d'un arc semi-circulaire aurait conduit à une hauteur de 33 m environ qui, en raison de la proximité de la cathédrale, aurait pu être préjudiciable à l'aspect général de la ville. A la suite de nombreuses études comparatives, on reconnut que la hauteur de 24 m ne devait pas être dépassée, et c'est sur cette base que le projet de la nouvelle gare fut mis au concours. La halle centrale, qui a 63,90 m de portée, est complétée par deux petites halles latérales de 13,37 m chacune, recouvrant deux quais de voyageurs indépendants du quai central. Actuellement (mars 1894) la nouvelle gare de Cologne est terminée dans ses parties essentielles; à l'exception du bâtiment latéral dont le gros œuvre est achevé, mais dont les aménagements intérieurs restent encore à faire. Le service se fait provisoirement par la rue latérale opposée (Maximien-Strasse) : des guichets et des bureaux de bagages provisoires sont installés au débouché des tunnels sur cette rue (1).

5° **Magdebourg**. — Je ne dirai que peu de mots de la gare de MAGDEBOURG, qui est de construction déjà assez ancienne. Commencée en 1871, elle a été ouverte au service en 1876.

Magdebourg, place de guerre, autrefois très resserrée entre ses fortifications et l'Elbe, était primitivement desservie par plusieurs gares distinctes *(Pl. 99, fig. 7)* :

Celle de Furstenwall, tête de ligne pour Berlin, Leipzig et Halberstadt;

Celle du Quai-des-Pêcheurs (Fischerufer), tête de ligne pour la ligne de Stendal, à laquelle avait été rattachée celle d'Helmstedt (Brunswick) et de Zerbst (Breslau).

Enfin, des gares secondaires existaient encore à Buckau, à Alt-Neustadt et à Friederichstadt sur la rive droite de l'Elbe.

Toutes ces lignes convergent actuellement vers la gare centrale *(Pl. 99, fig. 8)*, dont la construction a été associée au déplacement des anciennes fortifications et à la création de nouveaux quartiers à l'est de la ville. C'est sur un terrain militaire rendu disponible que la gare nouvelle et ses principales dépendances ont été établies. Les anciennes gares de Furstenwall, de Fischerufer, Alt-Neustadt (rive gauche de l'Elbe), Friederichstadt (rive droite), ont été conservées pour le service des marchandises. La gare de Buckau, considérablement agrandie, est devenue gare centrale de triage.

Primitivement édifiés par les Compagnies Berlin-Potsdam-Magdebourg, Magdebourg-Leipzig et Magdebourg-Halberstadt (ces deux dernières fusionnées en 1875), les bâtiments de voyageurs formèrent d'abord deux gares distinctes, l'une latérale (Magdebourg-Halberstadt et Magdebourg-Leipzig), l'autre dans un îlot compris entre les deux groupes de voies et affectée au service de la Compagnie Berlin-Potsdam-Magdebourg. Depuis le rachat des Compagnies par l'État, ce bâtiment central sert de bâtiment commun

(1) L'inauguration définitive de la gare de Cologne a eu lieu le 27 mai de cette année.

pour les salles d'attente établies au niveau des voies, tandis que le bâtiment latéral relié au bâtiment central par un large tunnel ne renferme plus que la salle des Pas-Perdus, les guichets et les tables de bagages. Les étages supérieurs de ce bâtiment sont occupés par des bureaux d'administration. Par cette transformation, la gare de Magdebourg est devenue très semblable aux gares du second type et je me dispenserai d'entrer dans de plus grands détails sur sa description.

TROISIÈME TYPE (Halle).

1° **Halle**. — L'histoire de la gare de HALLE est fort intéressante. La ville de Halle par elle-même, bien qu'ayant une population d'environ cent mille âmes, n'aurait pas motivé par son importance la construction d'une gare aussi considérable que celle dont elle est dotée aujourd'hui. Mais depuis longtemps elle s'est trouvée le point de croisement de lignes nombreuses, dont la première en date, celle de Magdebourg à Leipzig, remonte presque à l'origine des chemins de fer (1839). Puis furent successivement ouvertes les lignes de Thuringe (vers Francfort), d'Anhalt (vers Berlin), de Cassel (vers Cologne), et enfin, en dernier lieu, celle de Sorau (vers Breslau), et celle de Cœnnern et Aschersleben (vers Brunswick et Hanovre). Cinq Compagnies exploitaient au début ces différentes lignes, et, au fur et à mesure des besoins, avaient développé leurs installations sans aucun plan d'ensemble.

A la gare de passage très rudimentaire installée dès l'origine par la ligne de Magdebourg-Leipzig *(Pl. 99, fig. 6)*, était venue s'accoler, en 1845, la gare terminus de la ligne de Thuringe, puis, de 1855 à 1857, à la suite d'une intervention de l'Administration supérieure, un bâtiment commun établi entre les deux lignes avait réuni les deux services de voyageurs. Peu de temps après, la Compagnie d'Anhalt (ligne de Berlin), désireuse à son tour de prolonger ses voies jusqu'à Halle, et s'étant heurtée à l'hostilité de la Compagnie Magdebourg-Leipzig, qui redoutait de sa part une concurrence, fut amenée à s'entendre avec la Compagnie de Thuringe, qui, après lui avoir imposé d'assez dures conditions, l'avait admise dans sa gare. Mais cette soudure n'avait pu se faire qu'en transformant la gare terminus de Thuringe en gare de passage, et coupant ainsi par un passage à niveau la rue d'accès de la gare commune. Situation très fâcheuse, à laquelle on avait insuffisamment remédié par l'établissement d'une passerelle de piétons et d'une déviation avec pont supérieur imposant un très long détour aux voitures. Cet état de choses s'était encore aggravé lorsque l'Administration, exigeant la création d'un service de transit direct de Berlin sur Cassel, le nombre des voies traversées par le passage à niveau dut être porté à trois.

A cette même époque, c'est-à-dire vers 1861, les trois Compagnies alors existantes avaient établi trois gares de marchandises distinctes et assez éloignées les unes des autres, ce qui constituait une gêne considérable tant pour le commerce local que pour le service.

Un remaniement général semblait déjà s'imposer, et la perspective de l'ouverture prochaine de la ligne de Cassel (terminée en 1865) devait rendre ce remaniement encore plus indispensable. Mais la ville de Halle, tout en réclamant la réunion des gares de marchandises, s'opposait à la suppression des passages à niveau et à tout déplacement de la Delitzscherstrasse (rue d'acccès de la gare), tandis que de leur côté les Compagnies, jalouses de leur indépendance et cherchant à rester autant que possible maîtresses chez elles, ne parvenaient à se mettre d'accord ni sur le plan d'ensemble à adopter, ni sur la part que chacune d'elles aurait à supporter dans la dépense.

C'est alors qu'en prévision de l'ouverture de deux autres lignes nouvelles (Halle-Cœnnern-Brunswick-Hanovre, Halle-Sorau-Breslau), un plan de remaniement général fut élaboré par le service du contrôle. Mais, après une réalisation très partielle se réduisant à l'édification d'un nouveau bâtiment de voyageurs (1866-1868), on dut renoncer à tomber d'accord pour une exécution plus complète de ce projet.

Les deux nouvelles lignes, Halle-Cœnnern et Halle-Sorau, furent admises dans la gare de Halle dans les plus déplorables conditions.

La première Compagnie, après s'être brouillée avec celle d'Anhalt, dut ouvrir son exploitation (1872) en débarquant ses voyageurs dans un baraquement provisoire établi dans la gare des marchandises, et ce n'est qu'en novembre de la même année qu'une soudure avec les voies de Magdebourg-Leipzig permit à ses trains d'entrer dans la gare des voyageurs. Mais cette soudure nécessitait un croisement à niveau des voies d'Anhalt, et malgré l'intervention du contrôle imposant la suppression de ce croisement des plus dangereux et son remplacement par un circuit permettant d'établir un passage supérieur, à grande distance de la gare, grâce aux tiraillements entre Compagnies, ce n'est qu'en 1876 que cette transformation put être réalisée.

La pénétration de la ligne de Sorau se fit dans des conditions à peu près aussi peu satisfaisantes. Ses rails se soudèrent à ceux de la ligne Magdebourg-Leipzig, à l'entrée même de la gare, où cette nouvelle ligne ne put obtenir de voies d'embarquement et de débarquement distinctes qu'en 1880.

Sur ces entrefaites, un nouveau projet de remaniement d'ensemble, approuvé par l'Administration, accepté en principe par les Compagnies, et soumis aux enquêtes, semblait avoir de si grandes chances d'aboutir que les terrains nécessaires à son exécution avaient déjà été acquis, lorsque tout échoua de nouveau à propos de la répartition des dépenses.

En 1875, la Compagnie de Magdebourg-Leipzig se fusionne avec celle de Magdebourg-Halberstadt ; la ligne de Cassel est rachetée par l'État et l'on entre dans une période nouvelle pendant laquelle de nombreux projets sont encore présentés. En attendant, en raison des difficultés croissantes du service et de l'augmentation incessante du trafic, les Compagnies d'Anhalt et de Thuringe, profitant de la situation favorable qu'elles occupent, du côté de la ville centrale, continuent à développer leurs installations et exécutent plusieurs embranchements industriels les rattachant à des usines privées, créant ainsi des droits acquis et de nouveaux obstacles avec lesquels il faudra compter dans l'avenir, tandis que, d'autre part, les lignes de Magdebourg-Leipzig et Magdebourg-Halberstadt fusionnées établissent à l'est une gare de triage et une remise de locomotives.

Cette situation semble devoir s'éterniser lorsque le rachat par l'État de la Compagnie Magdebourg-Halberstadt (1879) fait entrer enfin la question dans une phase décisive. Dès le commencement de 1880, un projet d'ensemble nouveau est formulé par l'Administration des chemins de fer de l'État, de concert avec les Compagnies encore subsistantes de Berlin-Anhalt et de Thuringe. Une dernière résistance se manifeste de la part de ces Compagnies, qui entendent maintenir la situation respective de leurs voies, et se refusent à toute participation dans la dépense. La situation traîne jusqu'en 1882, époque où le rachat par l'État des Compagnies de Thuringe et d'Anhalt met fin à cette période d'avortements et d'incertitude. La fusion générale de toutes les lignes entre les mains de l'État permet alors d'aboutir, et après de nombreuses et minutieuses études comparatives, le projet définitif est adopté et les travaux commencent.

C'est de cet enfantement laborieux qu'est née la gare de Halle actuelle.

L'ensemble des travaux exécutés comprend :

1º La création d'un bâtiment de voyageurs central (type n° 3), avec cour d'accès sur la Delitszscherstrasse ;

2º La transformation du passage à niveau de cette dernière rue dans un passage inférieur formé par deux ponts de 20 et 25 m d'ouverture portant les deux groupes de voies qui comprennent le bâtiment de la gare et qui sont au nombre de treize en totalité ;

3º L'établissement, en face de la cour des voyageurs, d'une rampe d'accès, débouchant sur la Delitzscherstrasse, et conduisant au bâtiment de la grande vitesse, enclavé comme celui des voyageurs entre les deux groupes de voies ci-dessus indiqués et servant, en outre, de point de départ à de nombreuses voies de garage ;

4º Le déplacement général de toutes les grandes lignes, de manière à les grouper de part et d'autre du bâtiment central de la façon suivante :

Du côté ouest :

Berlin-Thuringe,
Sorau-Cassel.

Du côté est :

Magdebourg-Leipzig,
Halberstadt-Leipzig.

5º La création d'une grande gare de triage et d'une gare unique de marchandises au nord-est de la gare des voyageurs ;

6º Un remaniement complet de toutes les voies d'accès permettant à toutes les lignes de se dégager les unes des autres au sortir de la gare pour prendre leurs directions respectives au moyen de passages inférieurs et supérieurs et sans aucun croisement à niveau ;

7º Le rattachement des diverses lignes aux gares de triage et de marchandises par des embranchements spéciaux se détachant des grandes lignes en des points suffisamment éloignés de la gare.

Des voies de rattachement ont été également créées pour les nouveaux abattoirs de la ville établis à côté de la gare des marchandises et pour relier à cette gare par des circuits les différents établissements industriels primitivement jonctionnés avec les lignes d'Anhalt et de Thuringe.

Enfin, ce plan d'ensemble a été associé au développement de la ville dans les régions voisines où des quartiers nouveaux se trouvent préparés par le tracé de nombreuses rues.

Il est à peine besoin de faire remarquer à quelles difficultés on a dû se heurter pour réaliser une transformation aussi complète au milieu d'une exploitation active dont il était essentiel de ne pas entraver le fonctionnement. On a dû s'astreindre à suivre un plan d'exécution très complexe, les surfaces nécessaires pour entamer chaque nouvelle portion de travail ne pouvant devenir disponibles que par un déplacement provisoire ou définitif des installations primitives, et c'est au milieu de précautions sans nombre et grâce à une surveillance de tous les instants que les travaux, qui ont duré cinq années et demie, ont pu s'achever sans entraîner aucun accident sérieux.

Sous peine de sortir des limites de ce travail, je ne puis entrer ici dans la description détaillée et pourtant fort intéressante de toutes les parties de la nouvelle gare de Halle. Je me bornerai, pour rester fidèle à mon programme, à indiquer rapidement et dans ses parties essentielles l'aménagement du bâtiment des voyageurs *(Pl. 100, fig. 11)*.

Le niveau du bâtiment est, comme on l'a déjà vu, celui de la cour de la gare, qui est aussi celui de la rue d'accès. Il eût été possible, au moyen d'une rampe longitudinale, de relever le sol de cette cour de manière à la mettre de plain-pied avec les voies. Mais une solution de ce genre aurait eu l'inconvénient d'obliger les voyageurs soit à traverser les voies à niveau, soit à descendre et à remonter des escaliers pour atteindre par des tunnels les quais secondaires. Double inconvénient, tant pour les voyageurs de transit que pour ceux du trafic local, qui est assez considérable. La salle des Pas-Perdus, qui a la forme d'un carré de 33 m de côté, se trouve donc établie à 3,50 m au-dessous des voies. Elle renferme les guichets de billets qui, comme à Hanovre, sont installés dans un petit kiosque central. Le service des bagages se trouve à droite et à gauche dans deux locaux qui correspondent chacun à des directions de lignes distinctes et se trouvent mis en rapport par des monte-charges hydrauliques avec les quais de bagages correspondants. Puis, à droite et à gauche également, s'ouvrent les tunnels des voyageurs qui servent à la fois à l'entrée et à la sortie et auxquels on a donné en conséquence une largeur de 8 m. Au fond, et à côté même de l'embouchure des tunnels, sont les deux salles d'attente juxtaposées de 1re et 2e classe, 3e et 4e classe. Enfin, derrière les salles d'attente se trouvent, au rez-de-chaussée,

différents locaux : buffets, cuisine, lavabos, water-closets, salon
réservé aux dames, donnant sur une cour vitrée qui sépare les
parties du bâtiment accessibles au public de celles réservées au
service. Au premier étage sont les salons de réception communi-
quant directement avec les quais. Ces quais, au nombre de quatre
pour le service des voyageurs, sont symétriquement placés par
rapport au bâtiment central. Les deux quais les plus voisins de ce
bâtiment sont affectés aux lignes de Berlin-Thuringe et Magdebourg-Leipzig, qui donnent le plus grand trafic. Leur largeur est
de 10 m (13 m d'axe en axe des voies). Les deux autres quais,
réservés pour les lignes moins importantes de Sorau-Cassel et Halberstadt-Leipzig, n'ont que 8,50 m de largeur (11,50 m entre les
axes des voies). Entre chacun de ces groupes de quais de voyageurs est établi un quai de bagages. Les quais et les voies sont
recouverts, de part et d'autre du bâtiment central, par deux
halles métalliques de 20 et 18 m de portée, dont les points d'appui
sont établis en dehors des quais de voyageurs.

Un tunnel de service et un tunnel spécial mettent respectivement
la partie postérieure de la gare en communication avec la ville et
avec le bâtiment de la poste, construit latéralement aux voies.
Enfin, il existe encore en tête du bâtiment et au niveau des voies
un passage à niveau qui facilite la manutention des bagages.

Les travaux, commencés au début de 1885, ont été achevés en
1890, au moins dans leurs parties essentielles. Ils ont coûté en
nombre rond 11 millions de marcs, se répartissant de la manière
suivante :

Acquisition de terrains.	940 000	marcs
Terrassements	770 000	—
Bâtiment de voyageurs (y compris quais et halles) 2 000.000		
Remises de machines 700 000	4 647 000	—
Autres constructions. 1 947 000		
Traversées de rues	1 205 000	—
Voies et signaux	2 440 000	—
Frais d'administration et divers.	975 000	—
TOTAL	10 977 000	marcs

QUATRIÈME TYPE (Berlin-Anhalt, Francfort).

1° Berlin : gare d'Anhalt. — J'aborde actuellement l'étude
des gares rentrant dans le *type terminus* applicable, comme je l'ai

fait remarquer, soit aux grandes capitales considérées comme point d'arrêt pour la majorité des voyageurs, soit aux gares de passage, où les transbordements semblent indispensables par suite de la grande multiplicité des lignes. Berlin présente deux gares terminus remarquables : celle d'Anhalt et celle de Potsdam. Mais je ne parlerai pas ici de cette dernière, qui est surtout intéressante par la création toute nouvelle de deux gares secondaires affectées l'une au service métropolitain, l'autre à un service important de petite banlieue *(Wannsee-Bahn)*. L'étude de cette gare se rattache donc plutôt à celle de la Stadtbahn dont j'ai déjà entretenu la *Société des Ingénieurs Civils* à plusieurs reprises et sur laquelle j'aurai peut-être l'occasion de revenir encore.

La gare d'Anhalt, au contraire, est une gare plus particulièrement de grandes lignes ; elle représente un type très complet de gare terminus surélevée. Elle a été reconstruite de 1872 à 1880. C'était la tête de ligne d'une Compagnie créée en 1841 et rachetée depuis par l'État (1882). Le réseau comportait, en 1874, 450 *km* et transportait 2 650 000 voyageurs, dont 1 099 000 étaient expédiés par la gare de Berlin seule. Le tonnage des marchandises s'élevait, à la même époque, à 2 081 000 *t* pour le réseau dont 773 000 *t* pour la gare de Berlin. Enfin, les recettes comportaient :

Pour les voyageurs	5 800 000 marcs.
Pour les marchandises	11 500 000
SOIT AU TOTAL.	17 300 000 marcs.

De 1866 à 1874 le trafic des voyageurs avait presque doublé et celui des marchandises avait presque triplé. Il était donc indispensable de transformer la gare ancienne devenue insuffisante pour ces développements de trafic.

La nouvelle gare a été construite sur l'emplacement de la gare primitive. Une gare provisoire édifiée en 1872 et livrée à l'exploitation en 1874, a servi pendant la durée des travaux.

La gare d'Anhalt transformée *(Pl. 100, fig. 12 et 13)* comporte un avant-corps avec perron surélevé de quelques marches au-dessus de la place d'accès (Ascanisher-Platz). C'est sur cette place que s'ouvre le vestibule principal, rectangle de 26 *m* de large sur 14 *m* de profondeur. A gauche, les guichets de billets et derrière ces guichets les bureaux de l'exploitation. A droite l'enregistrement des bagages, avec monte-charges aboutissant au quai supérieur. Au centre du vestibule, un escalier monumental conduit au pre-

mier étage, à une sorte de salle des Pas-Perdus qui débouche
directement sur le quai de tête des voies.

A ce quai aboutissent les voies au nombre de sept, séparées en
trois groupes par deux quais longitudinaux intermédiaires :

A gauche, deux voies d'arrivée, séparées par un quai à bagages.

Au milieu, deux voies affectées au service de banlieue, avec,
entre elles, une voie de dégagement de machines qui ne se pro-
longe pas tout à fait jusqu'au quai et laisse encore quelque place
pour un service de bagages restreint.

A droite, deux voies de départ avec quai de bagages intermédiaire.

Les deux quais de gauche servent aux voyageurs à l'arrivée,
les deux quais de droite aux voyageurs au départ. Enfin, en
face de chaque quai de bagages, est installé un monte-charges
hydraulique mettant ces quais en communication avec les locaux
affectés au service des bagages dans l'étage inférieur.

A droite du quai de tête se trouvent les salles d'attente, les buffets,
les lavabos, water-closets. A gauche, un escalier spécial de sortie
débouchant sur une place latérale avec station de fiacres, et au rez-
de-chaussée, auprès de cet escalier, quelques locaux accessoires
tels que salle pour les personnes attendant l'arrivée des trains,
bureau de police, etc. Au-dessus des bureaux d'exploitation est
une salle primitivement destinée aux séances du Conseil d'administration de la Compagnie et transformée actuellement en salle
d'attente supplémentaire. Une halle de **60,70** *m* de portée couvre
les quais et les voies et est éclairée par des baies percées dans les
murs latéraux de 19 *m* de hauteur et par des lanterneaux ménagés
dans la toiture. Cette gare rappelle un peu, mais avec de beaucoup plus grandes dimensions, notre gare Montparnasse (portée
de la halle, 35 *m*).

La dépense a été de 14 millions de marcs, comprenant :

Bâtiment des voyageurs et halles. . .   5 000 000 de marcs.
Gare de marchandises. . . . .   7 000 000   —

(Les acquisitions de terrains sont entrées pour 3 millions et
demi dans la dépense.)

2° Francfort. — J'arrive à la gare de FRANCFORT, achevée en
1888 et qui réalise le modèle le plus parfait et le mieux étudié de
gare terminus.

Des considérations d'ordre général fort intéressantes ont présidé
à l'établissement de cette gare. La ville, construite sur la rive

droite du Mein était autrefois entourée de fortifications qui, par une utilisation dont on trouve de si fréquents exemples, ont été transformées depuis en boulevards et en promenades. Des faubourgs assez étendus se sont bâtis en dehors de cette première enceinte, et l'un de ces faubourgs, occupant la rive gauche du Mein, est relié par de nombreux ponts à la ville centrale.

Francfort était primitivement desservi par d'assez nombreuses gares (*Pl. 99, fig. 9*) :

La gare de l'Est à l'est de la ville.

Les gares d'Offenbourg et de Bebra sur la rive gauche du Mein.

Enfin trois gares juxtaposées (Mein-Weser, Taunus et Mein-Neckar), en façade sur les promenades à l'ouest de la ville, entre les anciennes portes dites Gallus et Taunus-Thor.

C'est de la fusion de ces trois dernières gares auxquelles les gares de l'Est et de la rive droite ont été rattachées par des lignes de jonction, qu'est résultée la gare centrale actuelle (*Pl. 99, fig. 10*). Mais comme, en raison des considérations indiquées plus haut, on s'était décidé pour le type terminus et que, par suite de circonstances locales, la ville avait une tendance générale à se développer vers l'ouest, on a pensé que pour permettre à la ville primitivement resserrée dans son enceinte de s'étendre plus librement de ce côté, et pour donner à la nouvelle gare toute l'ampleur désirable, il y avait intérêt à reculer d'environ 500 m l'emplacement du nouveau bâtiment des voyageurs, de façon à pouvoir lui ménager des abords spacieux tout en traçant dans l'espace ainsi laissé libre un nouveau quartier dont le voisinage immédiat de la gare devait singulièrement favoriser le développement.

Cette combinaison offrait en outre deux avantages.

Elle était d'abord très économique, car elle permettait d'utiliser pour la nouvelle gare et ses dépendances des terrains encore peu mis en valeur, tandis que la revente de ceux plus voisins de la ville que la suppression des anciennes gares rendait disponibles devait faire retrouver une partie notable de la dépense. (Cette revente n'a pas produit moins de 15 millions de marcs.)

En second lieu, elle permettait d'établir les voies au niveau des rues, car la région traversée derrière la gare, déjà fort éloignée du centre et en bordure sur le Mein, était généralement inhabitée, et si quelques voies de communication devaient y être créées dans l'avenir, il ne devait pas être difficile de les surélever pour les faire passer sans difficulté par-dessus les voies.

Les principes d'après lesquels la gare de Francfort a été établie consistent dans la séparation absolue des services.

L'opération comportait la création de :

Une gare centrale de voyageurs,
Deux gares de marchandises,
Deux gares de triage,
Et deux ateliers.

La gare des voyageurs est commune au chemin de fer de l'État prussien, à la ligne de Mein-Neckar, à la ligne Hessische-Ludwigs-Bahn.

On avait d'abord songé à réunir, en les juxtaposant pour ainsi dire, dans un grand bâtiment commun, plusieurs gares distinctes, avec leurs salles des Pas-Perdus, et salles d'attente spéciales, situées en face des quais correspondants. On y a renoncé pour les motifs suivants.

L'unification de la gare devait mieux concentrer son exploitation et rendre son usage par le public plus facile. En outre, plusieurs lignes différentes pouvant conduire à la même destination, il aurait pu en résulter des confusions fâcheuses pour les voyageurs incertains de la partie de la gare où devait s'effectuer leur départ. Enfin six salles d'attente au moins auraient été nécessaires, ce qui aurait conduit à développer démesurément la façade, pour ne pas trop réduire l'espace réservé depuis chaque salle des Pas-Perdus à l'accès direct des quais. De plus, ces salles d'attente, forcément plus petites, n'auraient pu rendre les mêmes services que les vastes salles actuelles, aux moments de grande affluence sur une ligne déterminée.

La disposition adoptée (*Pl. 100, fig. 14*) consiste dans l'établissement d'un très large quai de tête transversal (18 *m* de largeur sur 220 *m* de longueur) sur lequel viennent aboutir dix-neuf quais longitudinaux séparant entre elles les voies et alternativement destinés au service des voyageurs et à celui des bagages. La largeur de ces quais est de 10, 8 et 4 *m*. Les neuf quais de voyageurs desservent chacun deux voies distinctes, soit au total dix-huit voies se répartissant du sud au nord dans l'ordre suivant :

1° Francfort-Niederlahnstein-Coblence (embranchement de Wiesbaden) . . . . 3 voies.
2° Francfort-Bebra. . . . . 2 —

A *reporter* . . . . . 5 voies.

Report.	5 voies.
3° Francfort - Darmstadt - Heidelberg (Mein - Neckar - Bahn).	3 —
4° Francfort-Cassel (Mein-Weser-Bahn).	4 —
5° Francfort-Mayence, Francfort-Mannheim, Francfort-Limbourg (Hessische-Ludwigs-Bahn)	6 —
TOTAL.	18 voies.

Entre deux quais de voyageurs consécutifs s'intercale un quai spécial de bagages, à l'extrémité duquel est immédiatement installé un bureau avec table pour la délivrance des bagages à l'arrivée. Le quai de tête débouche directement au dehors à ses extrémités par des perrons couverts de marquises, en face de places de voitures et de stations de tramways.

Devant le quai de tête et dépassant les halles de 20 m environ de part et d'autre se développe le bâtiment principal des voyageurs renfermant la salle des Pas-Perdus (30 m de largeur, 55 m de profondeur, 25 m de hauteur), installée dans un pavillon central en puissante saillie sur la façade. Cette saillie, qui a permis d'avoir des entrées latérales pour piétons, — les portes en façade servant plus spécialement à l'accès des voitures — était nécessaire pour donner à la salle des Pas-Perdus la profondeur indispensable permettant d'y installer commodément, à droite et à gauche, les nombreux guichets de billets et au fond les tables pour l'enregistrement des bagages (on a vu que la distribution des bagages à l'arrivée se faisait directement sur le quai de tête). Au fond, sont les bureaux de télégraphie, et, dans l'axe même de la salle, une large baie accédant directement sur le quai. De part et d'autre de cette salle des Pas-Perdus, de spacieuses galeries latérales de 7 m de largeur, prenant leur origine entre les guichets et les tables de bagages donnent accès à quatre salles d'attente symétriquement placées par rapport à l'axe du bâtiment. Ces galeries s'ouvrent directement sur l'extérieur, permettant ainsi aux voyageurs déjà munis de billets d'accéder dans les salles d'attente sans passer par la salle des Pas-Perdus. En dehors de ces salles, qui ont chacune leur sortie sur le quai de tête, il existe encore deux salons spéciaux réservés aux dames et deux restaurants.

Enfin, dans les pavillons d'angle, on trouve des salons de toilette et des water-closets et, aux extrémités, des salons de réception et une salle pour le Conseil d'administration du réseau. Deux bâtiments importants construits latéralement aux voies achèvent cet

ensemble et renferment tous les services administratifs de la gare.
Le transport des bagages au départ se fait au moyen de wagonnets depuis les tables d'enregistrement jusqu'aux quais de bagages. On avait songé un moment à l'établissement de tunnels, mais on a craint d'imposer, par l'obligation de la descente et de la montée, un fâcheux ralentissement à ce service. D'ailleurs, le quai de tête a reçu des dimensions assez grandes pour que sa traversée par les wagonnets offre peu d'inconvénients.

Bien que d'après la disposition de la gare toute traversée de voie soit rendue inutile, afin d'éviter cependant un détour aux voyageurs de transit qui, débarqués à une certaine distance du quai de tête, devraient passer sur un autre quai longitudinal, on a établi, à l'extrémité de la gare, un tunnel transversal qui sert aussi et surtout au personnel. Enfin, il existe deux autres tunnels transversaux immédiatement après celui que nous venons de mentionner. Ces derniers tunnels sont respectivement affectés au service des bagages en transit et de la poste.

En somme, la gare de Francfort se dédouble en quelque sorte en deux gares bien distinctes, symétriques par rapport au vestibule central, et affectées chacune à un groupe de lignes différent. Chacune de ces gares est desservie par un personnel spécial, et le voyageur qui doit faire usage d'une ligne déterminée, trouve rassemblés d'un même côté du vestibule central tous les locaux dont il doit faire usage, et tous les services auxquels il a affaire. Il débouche directement par les salles d'attente sur la partie du quai de tête où aboutit le quai de départ de la ligne qu'il doit suivre, et ce quai lui est désigné par des inscriptions très lisibles et qui ne peuvent lui laisser aucune incertitude. Les grandes divisions formées par les trois halles contribuent elles-mêmes à permettre au voyageur de se retrouver au milieu de ces quais de départ et d'arrivée si nombreux. Enfin, les quais longitudinaux, à leur entrée sur le quai de tête, sont fermés par des chaînes mobiles, qu'on ouvre seulement au moment de l'arrivée ou du départ des trains.

Afin de désencombrer les quais de voyageurs, on a eu soin de placer les points d'appui des halles sur les quais de bagages. Ces points d'appui sont régulièrement espacés de 9,30 m; cet espacement est porté à 18,80 m pour franchir le quai de tête. La naissance des arcs est établie à 1 m au-dessus du sol, mais cette hauteur est portée à 11 m pour les points d'appui de la charpente métallique contre le bâtiment central.

3

La couverture est en tôle ondulée, les quatre septièmes environ de sa surface sont en vitrages, les têtes des halles sont vitrées. La construction métallique a nécessité l'emploi de 3 700 t de fer forgé, et a coûté en nombre rond 1 600 000 marcs, soit 51 marcs par mètre carré couvert.

La dépense totale, sans tenir compte de la revente des terrains, s'est élevée à 36 millions de marcs.

Cette gare, remarquable à tous les points de vue, est l'œuvre de l'architecte Eggert.

REMANIEMENT GÉNÉRAL DES GARES DE DRESDE

État primitif et bases générales du remaniement en cours d'exécution.

Pour terminer cette rapide revue, il me reste à signaler l'ensemble de travaux très intéressants actuellement en cours d'exécution à Dresde.

Par sa situation géographique, Dresde constitue, dans le réseau général des chemins de fer allemands, un point de jonction d'assez grande importance au croisement de plusieurs courants de transit est-ouest et nord-sud.

La ville était primitivement desservie par cinq gares de voyageurs distinctes *(Pl. 102, fig. 2)* :

1° Sur la rive droite de l'Elbe, du côté de la nouvelle ville (Neustadt) :

La gare de Leipzig { Ligne de Leipzig (direction de l'Ouest).
Ligne de Berlin (direction du Nord-Ouest).

La gare de Silésie { Ligne de Gœrlitz et de Breslau (direction du Nord-Est et de l'Est) ;

2° Sur la rive gauche, du côté de l'ancienne ville (Altstadt) :

La gare de Bohême (Prague, Vienne, Pesth, direction du Sud-Est) ;

La gare de Tharandt (Chemnitz, Nuremberg, Munich, direction du Sud-Ouest) ;

La gare de Berlin (Friederichstadt), créée par une Compagnie spéciale pour une ligne directe de Dresde sur Berlin ;

3° Enfin, trois gares de marchandises (Friederichstadt, Altstadt et Neustadt, et deux petites gares fluviales le long de l'Elbe) complétaient l'ensemble de ces premières installations.

Depuis longtemps déjà la gare de Tharandt avait été supprimée ou plutôt transformée en gare à charbon, tandis que les voies de voyageurs de cette ligne étaient ramenées à la gare de Bohême. D'autre part, les gares juxtaposées de la rive droite avaient été reliées également à la gare de Bohême par une ligne de jonction en viaduc et remblai traversant l'Elbe sur un pont (Marienbrücke) qui sert, comme notre Pont National, à la fois au passage des trains et à celui des piétons et voitures. Cette ligne de jonction, destinée d'abord exclusivement aux trains de marchandises et au service, a été plus tard utilisée pour les trains de voyageurs qui, grâce à cette liaison et depuis de longues années déjà, peuvent déposer leurs voyageurs indifféremment aux gares de la rive droite ou à la gare de Bohême.

Enfin la gare de Berlin (rive gauche), la dernière créée, après le rachat des Compagnies par l'État, a été reliée à son tour à la gare de Bohême qui, par ces divers rattachements ainsi que par sa situation plus rapprochée du centre de la ville, s'est trouvée toute désignée pour jouer le rôle de gare centrale.

D'ailleurs, des nécessités de voirie urbaine imposaient la transformation radicale de cette gare, dont les voies établies au ras du sol constituaient, pour la circulation entre la ville et ses faubourgs, une gêne constamment croissante.

Le développement très rapide de la ville (1), le désir de donner une satisfaction plus large au mouvement commercial et aux besoins de circulation de toute nature amenèrent à l'idée d'un remaniement d'ensemble dans tout le système des gares que nous venons de décrire. Ce remaniement, très heureusement combiné en vue du développement ultérieur de la ville, a été formulé dans un plan que l'on peut qualifier de grandiose et qui, présenté aux Chambres saxonnes au début de 1890 et adopté par elles, se trouve aujourd'hui déjà réalisé en partie. *(Pl. 102, fig. 3.)*

L'idée fondamentale de cette vaste opération dont la dépense, d'après les premières prévisions, ne devra pas s'élever à moins de cinquante millions de marcs (soit 62 1/2 millions de francs) pour la part des chemins de fer de l'État seulement, consiste à con-

---

(1) La ville de Dresde, qui comptait 128 000 habitants en 1863, 177 000 en 1873, 220 000 en 1883, en a actuellement près de 300 000. La ville ancienne était constituée par une espèce de noyau central au contour à peu près circulaire, entouré par des fortifications depuis longtemps disparues et transformées comme dans beaucoup de villes en boulevards et en promenades. Autour de ce noyau central, la ville s'est largement développée à peu près dans toutes les directions. Les nouveaux quartiers de luxe sont plutôt au sud et à l'ouest (Sud-Vorstadt, Johannstadt, Antonstadt, Albertstadt) ; les quartiers ouvriers situés à l'ouest sont Friederichstadt sur la rive gauche, Leipziger-Vorstadt sur la rive droite. *(Pl. 102, fig. 2.)*

centrer le service des voyageurs dans une grande gare principale construite sur l'emplacement de la gare de Bohême actuelle, à doubler cette gare par une gare secondaire établie sur la rive droite de l'Elbe, à peu près dans l'emplacement des gares actuelles de Leipzig et de Silésie, à transformer la ligne de jonction déjà existante entre ces deux points en une véritable ligne métropolitaine surélevée à quadruple voie, continuée à l'est au delà de la gare de Bohême jusqu'à la banlieue de Strehlen, à l'ouest au delà de la gare de rive droite jusque dans le faubourg de Pieschen, et sur laquelle doivent s'échelonner des stations urbaines destinées exclusivement au service local. Cet ensemble doit être encore complété par la création d'une immense gare de triage entièrement nouvelle et présentant les aménagements les plus perfectionnés applicables à ce genre de service, d'un port et d'une gare fluviale le long de l'Elbe, de deux grands bâtiments d'administration, enfin par un remaniement général des gares de marchandises actuelles. Passons rapidement en revue ces différents travaux pour donner à leur sujet quelques explications plus détaillées :

Gare centrale. — La nouvelle gare centrale (*Pl. 100, fig. 15, 16 et 17*) doit être à la fois gare de passage et tête de ligne :

Elle sera gare de passage pour le transit Leipzig-Riesa-Dresde-Bodenbach, c'est-à-dire pour la direction générale du nord-ouest de l'Allemagne sur la Bohême et l'Autriche, Berlin-Dresde-Bodenbach, c'est-à-dire pour la direction Berlin-Vienne.

Elle sera tête de ligne pour les trains en provenance ou à destination de :

Reichenbach (Munich) ;
Gœrlitz (Breslau) ;
Leipzig (par Dœbeln).

Les voies de transit ainsi que les voies de marchandises seront surélevées.

Les voies terminus seront au niveau du sol.

La gare présentera donc deux étages de voies, séparés par une différence de niveau de 4,50 m. La disposition est d'ailleurs très analogue à celle de Halle. Les voies surélevées divisées en deux groupes franchissent par des ponts monumentaux la Pragerstrasse, grande voie de communication entre la ville centrale et ses faubourgs du sud. D'un côté (le long de la Strehlenerstrasse), se trouvent deux voies de marchandises, et les voies de voyageurs pour les trains se dirigeant vers Bodenbach. De l'autre côté (le long de la Wienerstrasse), sont les voies des trains en provenance de Bodenbach.

La cour de la gare, le bâtiment principal des voyageurs, la halle des voies terminus, seront établis dans l'espèce d'îlot compris entre ces deux groupes des voies surélevées. Un bâtiment d'accès secondaire sera construit en bordure du viaduc sur la Wienerstrasse et réuni par plusieurs tunnels avec le bâtiment central, qui renfermera la salle des Pas-Perdus avec, à droite et à gauche, les salles d'attente et les salles de bagages. Les voies basses seront recouvertes par une halle de 59 *m* de portée, les voies hautes par deux halles de 31 et 32 *m*.

Du côté ouest, le terrain se relève notablement et les premières rues traversées seront passées par-dessous au moyen de trois ponts métalliques actuellement déjà construits (Bergstrasse, Chemnitzerstrasse et Falkenstrasse). Plus loin le sol s'abaisse de nouveau assez brusquement et la quadruple voie de jonction se continue en viaduc et en remblai (1). — Les différentes voies ferrées, basses ou surélevées au sortir de la gare, se dégagent d'ailleurs les unes des autres au moyen de passages inférieurs ou supérieurs, tout croisement de voies à niveau étant rigoureusement proscrit.

À l'est de la Pragerstrasse, faisant face au bâtiment central, un terre-plein au niveau des voies hautes est réservé en dehors de plusieurs voies de service, aux quais de départ et d'arrivée des trains de la banlieue est (Dresde-Pirna). De ce côté, les voies se continuent, en remblai de 4 à 5 mètres de hauteur avec murs de soutènement et passages inférieurs pour les rues traversées jusqu'à Strehlen, où la ligne reprend son niveau primitif, qui est celui du sol. Une rue latérale de *14 m* de largeur, l'*Östbahnstrasse*, longe du côté sud les voies surélevées sur toute cette partie du parcours. Enfin, à droite et à gauche des voies, sur la Wienerstrasse et sur la Strehlenerstrasse, s'élèvent deux grands bâtiments actuellement presque achevés, destinés à loger, le

---

(1) Pour tenir compte de nombreuses protestations soulevées par les riverains lors de la discussion sur l'exhaussement des voies, on s'est décidé à réduire cet exhaussement au minimum (4 à 5 *m*) surtout dans les quartiers élégants compris entre la gare centrale et Strehlen. En raison de cette faible hauteur on a dû renoncer à utiliser d'une façon générale le dessous des voies, et le remblai avec mur de soutènement a été substitué au viaduc sur la majeure partie du parcours. Il n'y aura guère d'utilisation pour la location que sur une longueur de 1700 *m* environ, aux abords de la Pragerstrasse et de la Wettinerstrasse. Sur ces sections les voies seront portées par un tablier métallique reposant sur des piles en maçonnerie. A toutes les traversées supérieures des rues, les voies sont portées par des poutres métalliques, et des dispositions spéciales qui semblent donner de bons résultats ont été adoptées pour diminuer les vibrations et atténuer le bruit au passage des trains.

premier, la Direction générale des chemins de fer de l'État de Saxe, et le second, les bureaux de l'Administration centrale.

Les dimensions de la nouvelle gare centrale ne permettant pas d'y installer les voies nécessaires pour le garage de trains et de machines, cette gare se trouvera complétée par l'installation d'une gare de service annexe établie sur une partie de la gare actuelle de marchandises de Dresde-Altstadt. Là se trouveront des dépôts avec approvisionnement de charbon, les voies nécessaires pour la formation et la décomposition des trains, une usine à gaz d'huile pour l'éclairage des voitures; enfin, les installations nouvelles pour la poste et le service local de grande vitesse.

Ligne métropolitaine et gare de la Wettinerstrasse. — Sur la ligne de jonction, entre les deux rives de l'Elbe, les deux voies anciennes resteront affectées au service des voyageurs, tandis que les deux voies nouvelles établies du côté opposé au centre de la ville seront réservées au mouvement des marchandises. L'élargissement du viaduc nécessité par ce doublement des voies se fera en empruntant le lit d'un petit affluent de l'Elbe qui longeait primitivement le viaduc et dont le cours a été détourné. Cette petite rivière (la Weisseritz), assez analogue à la Bièvre, a été accaparée depuis longtemps pour les usages industriels, et il y avait tout avantage à éloigner de la ville ses eaux souillées, en reportant son embouchure dans l'Elbe, à l'aval de Dresde, près du village de Cotta. En outre, grâce aux espaces que cette déviation rend disponibles, le viaduc élargi se trouvera naturellement bordé du côté du faubourg, sur la plus grande partie de son parcours, par des rues latérales et des promenades.

Quant au passage de l'Elbe, différentes solutions sont en présence, soit que, maintenant les deux voies actuelles sur le pont en pierre de Marienbrücke, on construise en aval un pont métallique pour les deux voies nouvelles, soit qu'abandonnant entièrement le pont actuel à la circulation des piétons et des voitures, on reporte sur le nouveau pont métallique d'aval l'ensemble des quatre voies ferrées. Des négociations sont entamées entre l'Administration des chemins de fer et la municipalité pour régler la question et fixer la part éventuelle que dans cette dernière solution la Ville aurait à supporter dans la dépense.

A peu près au milieu du parcours compris entre la gare centrale et la gare de la rive droite, au passage de la Wettinerstrasse et à proximité du faubourg populeux de Friederichstadt, s'élèvera une gare métropolitaine construite sur le type des grandes gares de Friederichstrasse et d'Alexanderplatz à Berlin, avec halle de 36 *m* de portée sur une centaine de mètres de longueur.

Gare de voyageurs de la rive droite. — Sur la rive droite de l'Elbe, les gares de Leipzig et de Silésie doivent être supprimées et remplacées par une gare secondaire unique construite dans l'emplacement de la gare de Silésie et dont l'axe coïncidera à peu près avec la direction actuelle des voies de Gœrlitz.

Cette gare sera établie sur le modèle des grandes gares de la Stadtbahn de Berlin, mais sans bâtiment latéral, tous les services à installer dans le rez-de-chaussée devant être concentrés sous les voies, qui seront surélevées à 6,50 *m* environ au-dessus du sol des rues avoisinantes, de manière à supprimer tous les passages à niveau actuels.

La gare de la rive droite sera exclusivement de passage, à savoir pour les trains :

De Reichenbach (Munich) sur Gœrlitz (Breslau),

De Bodenbach (Vienne) sur Leipzig,

De Bodenbach (Vienne) sur Berlin (par Elsterwerda ou Rœderau).

Et *vice versa*.

Les voies de marchandises contourneront extérieurement le bâtiment des voyageurs.

A partir de cette gare, les trains de Leipzig et Berlin suivront une ligne nouvelle jusqu'au faubourg de Pieschen, où cette ligne rentrera dans le tracé actuel. Cette dernière section, établie en remblai avec murs de soutènement, et prévue à quadruple voie (bien que provisoirement trois voies seulement doivent y être établies), sera traitée à la manière d'une ligne métropolitaine, de manière à desservir les quartiers du faubourg de Leipzig qui tendent à se développer considérablement, et où la Ville projette dès à présent tout un ensemble de rues et de boulevards nouveaux (1).

De Pieschen à Coswig, il y aura trois voies.

Quant aux voies de Gœrlitz, elles rentreront dans le tracé actuel après le passage inférieur de la Bischoffstrasse. Ces voies se dégageront de celles de Leipzig par des passages en dessus ou en dessous, de façon à éviter tout croisement de voies à niveau.

(1) Le tracé de ce nouveau quartier, d'après le plan adopté par la Ville, est figuré en traits pointillés rouges sur le plan d'ensemble (*Pl. 102, fig. 3*).

Gare centrale de triage. — Une très grande gare de triage, déjà achevée, a été établie à proximité de l'emplacement actuel de la gare de Berlin-Friederichstadt. L'acquisition de vastes terrains faisant partie du domaine d'Ostra, appartenant à l'État, a permis de donner un grand développement à cette gare, qui s'étend depuis le viaduc de jonction jusqu'auprès du village de Cotta, sur une longueur de 2 800 m avec une largeur de 300 m en moyenne.

Après la mise en service de cette gare, qui doit être inaugurée le 15 avril de cette année, le service général des marchandises, complètement remanié, sera reconstitué d'après les principes suivants :

Tous les trains de marchandises arrivant à Dresde seront d'abord dirigés sur la nouvelle gare de triage. Des raccordements avec le viaduc métropolitain permettront d'y amener :

D'une part, les trains de Bodenbach, Chemnitz et de la gare locale des marchandises de Dresde-Altstadt.

D'autre part, ceux de Gœrlitz et de la gare locale de marchandises de Dresde-Neustadt.

Enfin, les trains de marchandises des lignes de l'ouest (lignes de Leipzig par Riesa, de Leipzig par Dœbeln, de Berlin par Rœderau et Elsterwerda) arriveront à la gare de triage par la ligne Berlin-Elsterwerda-Dresde *(Pl. 102, fig. 1)*, qui, débarrassée des trains de grandes lignes entre Dresde et Coswig et affectée désormais à ce dernier service et à un service de banlieue, aura sa voie unique doublée et sera rattachée près de Coswig aux grandes lignes de Berlin et Leipzig par des raccordements dont la construction est déjà achevée.

Les trains de marchandises arrivant ainsi par directions opposées dans la nouvelle gare de triage y seront reçus sur onze voies de garage, d'où les wagons seront montés sur la rampe de triage, pour en redescendre ensuite par la gravité sur cinq voies de tiroirs d'au moins 300 m de longueur utile. Les voies de tiroirs se continuent elles-mêmes par un groupe de vingt-cinq voies de triage. Les wagons se trouveront classés sur ces voies par directions générales. Mais comme le nombre des wagons destinés aux stations extrêmes dépasse souvent de beaucoup celui des wagons désignés pour les stations intermédiaires, parmi ces voies de triage, on en a réservé spécialement quelques-unes pour les wagons à destination des points terminus.

A la suite des voies de triage sont les *grils* servant à classer les wagons d'une même direction d'après l'ordre des stations. Ce classement s'effectuera par des grils doubles dont les voies, au nombre de quatre à huit, disposées comme l'indique le croquis ci-contre, rentrent à leurs extrémités dans une voie unique,

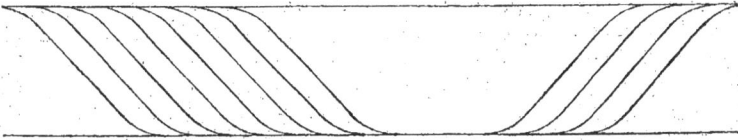

aboutissant au groupe des voies de sortie, qui sont au nombre de onze. En outre, pour le classement des trains à destination des gares locales de marchandises, on a prévu deux grils simples de quatre à cinq voies. Les voies réservées aux wagons des stations extrêmes sont directement rattachées aux voies de sortie.

Les aiguilles des grils n'ont que $3\,m$ de longueur; les rayons sont de $146\,m$.

Les wagons qui auraient reçu par erreur une fausse direction peuvent être arrêtés à l'extrémité inférieure des grils au moyen d'une disposition particulière (système Kœpeke) : le wagon passe, par la manœuvre d'une aiguille spéciale sur des rails parallèles à ceux de la voie normale auxquels ils sont juxtaposés. Ces rails sont recouverts d'une mince couche de sable contenue entre deux longrines en bois.

La pente moyenne depuis le point le plus élevé de la gare de triage jusqu'au milieu environ des voies de sortie est de $\frac{1}{100}$. La plus grande différence de niveau est de $17,20\,m$.

Un quai couvert de $280\,m$ de longueur, avec toutes les voies et accessoires nécessaires, sera affecté au déchargement de wagons de détail. Au sud-est de la gare de triage sont prévues les installations pour les dépôts de machines, comprenant quatre remises (dont trois immédiatement construites) pouvant recevoir chacune vingt machines. Signalons encore, comme constructions importantes, un bâtiment d'administration, un dortoir pour le personnel des trains (en bordure sur la Waltherstrasse) et, près de Cotta, une usine pour la production de la lumière électrique destinée à l'éclairage général de toutes les nouvelles gares (1). Enfin,

(1) Cet éclairage comprendra 800 lampes à arcs et 5 000 lampes à incandescence. Le courant sera obtenu au moyen de deux machines-dynamos de 350 chx chacune, actuellement déjà installées. On prévoit l'installation ultérieure à deux autres dynamos de 300 chx chacune, ce qui portera à 1 300 chx la puissance totale de l'usine.

des ouvrages d'art assez importants devront être construits pour le passage inférieur de deux rues et de la Weisseritz détournée, et pour le passage supérieur de la Waltherstrasse. Ce dernier passage, de 300 m de longueur, franchit, outre les voies de la gare de triage, celles de la ligne de banlieue de Dresde (gare centrale) à Niederwartha et Coswig, sur laquelle une halte, avec quai central directement accessible depuis le pont de la Waltherstrasse, a été établie. Des trains spéciaux feront le service entre la gare de triage et les gares de marchandises locales (Friederichstadt, Altstadt et Neustadt).

Cette vaste gare de triage, conçue d'après un plan d'ensemble très remarquable, sera sans doute l'un des types les plus complets et les mieux installés de gare de ce genre. Le nombre journalier des wagons à classer atteint déjà le chiffre de 3 000. Il est à prévoir qu'il s'augmentera encore considérablement dans l'avenir, et les installations nouvelles sont faites en conséquence.

Gares de marchandises. — Les gares de marchandises actuelles seront partiellement remaniées pour être appropriées au nouveau service. La gare de *Dresde-Friederichstadt*, sera conservée à peu près dans son état actuel, sauf quelques modifications nécessitées dans la disposition des quais de chargement et de transbordement. Une voie nouvelle sera établie pour permettre de refouler les wagons jusque vers Cotta dans la gare de triage.

En raison même de sa proximité avec la nouvelle gare de triage, on peut prévoir une extension rapide dans le mouvement de la gare de Friederichstadt, et des précautions sont prises, dès à présent, en vue de cette éventualité.

La gare de marchandises *Dresde-Altstadt* reste à peu près dans son état actuel en tant que locaux affectés à la manutention des marchandises. Quelques agrandissements de ces locaux seront seuls nécessaires. La principale modification porte sur la création de voies de raccordement avec la nouvelle gare de triage et sur l'établissement de voies de passage pour les trains de marchandises venant de Chemnitz à destination de Friederichstadt. Une nouvelle rue d'accès partant de la Rosenstrasse doit être ouverte.

La *Gare aux Charbons* de Dresde-Altstadt, qui n'est en quelque sorte qu'une annexe de la précédente, ne reçoit qu'une modification consistant dans la construction d'un raccordement avec l'embranchement du nouveau port de l'Elbe. Sur ce dernier embranchement, la Ville établit un dépôt central pour le service de la voirie urbaine, ainsi qu'un grand marché qui doit être édifié sur les terrains des squares longeant l'ancien lit de la Weisseritz.

Sur la rive droite de l'Elbe et sur l'emplacement actuel de la gare de Leipzig et d'une partie de la gare de Silésie, doit être établie une nouvelle gare de marchandises pour *Dresde-Neustadt*. Cette gare, dont les voies seront au même niveau que celles des gares actuelles (c'est-à-dire à peu près au niveau du sol des rues avoisinantes) sera reliée aux gares de la rive gauche par deux voies surélevées traversant en viaduc la partie antérieure de la gare, passant par-dessus la Leipzigerstrasse et la Uferstrasse, et se raccordant avec les voies de marchandises du viaduc métropolitain un peu avant le pont de l'Elbe.

Il y aura également un raccordement, mais à voie unique, avec les lignes de Silésie. Enfin, on a prévu la possibilité d'établir sur ce dernier raccordement une petite gare de triage secondaire, permettant de diriger directement sur la gare de marchandises de Dresde-Neustadt les wagons à destination de cette gare et en provenance de la ligne de Gœrlitz sans les obliger à passer par la gare de triage principale. Du côté nord-ouest, la gare de marchandises Dresde-Neustadt se soude directement, près du faubourg de Pieschen, et derrière la remise actuelle des locomotives qui doit disparaître, avec les voies principales de Leipzig et Berlin. Ce raccordement est principalement destiné au passage des wagons à destination de la station de banlieue de Radebeul (la station suivante de Kœtschenbroda devant être desservie par Cosswig). La partie de la gare de marchandises Dresde-Neustadt située du côté sud, c'est-à-dire vers l'intérieur de la ville, sera spécialement occupée par des hangars et des quais découverts avec rampes d'accès. Du côté opposé seront établies de nombreuses voies de *débord*. Le passage supérieur actuel de la Concordienstrasse sera supprimé. Par contre, une nouvelle rue, plus directement orientée vers le centre de la ville, traversera les voies par le passage inférieur considérablement élargi de la Moritzburgerstrasse.

Un second marché couvert doit être construit par la Ville à proximité de la gare des marchandises de Neustadt.

Nouveaux ateliers. — Par suite de la suppression des ateliers actuels de réparation de la gare de Silésie, et des ateliers de réparation de voitures de la gare de marchandises d'Altstadt, de *nouveaux ateliers* ont été établis à Friederichstadt. Cette installation s'imposait d'ailleurs par la nécessité d'une réorganisation générale du service des ateliers de réparation des chemins de fer de l'État de Saxe.

Ces ateliers, aménagés dès le début pour pouvoir recevoir 308 voitures et 91 locomotives, sont disposés de manière à se prêter facilement à des agrandissements ultérieurs. Ils se trouvent en contact immédiat avec la gare de triage, où les wagons à réparer pourront être facilement triés pour être dirigés vers les ateliers.

Port de l'Elbe. — En dernier lieu, je dois mentionner encore la création d'un grand port dans les prairies submersibles de l'Ostragehäge.

Ce port comportera dès le début un bassin d'environ 1 *km* de longueur sur 150 *m* de largeur, entouré de quais en maçonnerie. La fouille du bassin (1 100 000 mètres cubes), et l'établissement des quais sera fait aux frais du service de la navigation. Le service des chemins de fer de l'État prendra à sa charge la mise en état des abords, y compris le raccordement direct ci-dessus mentionné avec la gare de triage de Friederichstadt et la gare aux charbons, la pose des voies de service et l'établissement des chaussées, hangars et tous appareils de chargement et déchargement.

Les travaux comprendront l'exécution immédiate de deux quais longitudinaux, l'un de 70 *m* de largeur au nord du bassin, l'autre du côté sud, avec une largeur de 90 *m*. Ces quais, en dehors des voies de service et des chaussées d'accès, porteront 4 grands hangars et 9 grues.

On a prévu un agrandissement ultérieur comportant un doublement de la grandeur du bassin du côté est, et la construction d'un quai central de 1 000 *m* de longueur sur 30 *m* de largeur, dans l'axe du bassin primitif.

Exécution des travaux et dépenses. — Ces nombreux et importants travaux, commencés en 1891, doivent être exécutés dans l'ordre suivant (du moins en ce qui concerne le service des chemins de fer) :

PREMIER GROUPE DE TRAVAUX comprenant : L'établissement de la gare de triage, la pose de la seconde voie entre Dresde-Friederichstadt et Naundorff, la construction des raccordements à Zitzchewig et Naundorff. Cet ensemble de travaux doit avoir pour premier effet de débarrasser la gare de marchandises de Dresde-Altstadt du service de triage, et elle permettra de disposer des surfaces nécessaires pour la construction de la nouvelle gare centrale.

Deuxième groupe de travaux. — Construction des ateliers de Friederichstadt. Construction de la gare centrale Dresde-Altsdadt. Relèvement des voies de la Pragerstrasse jusqu'à Strehlen. Doublement des voies sur le viaduc de jonction actuel. Construction de la halte métropolitaine de la Wettinerstrasse. Construction du nouveau pont de l'Elbe en aval de la Marienbrucke.

Troisième groupe de travaux. — Construction de la gare de voyageurs de la rive droite et de la nouvelle jonction à quadruple voie entre Dresde-Neustadt et Pieschen. Établissement de la nouvelle gare de marchandises de Neustadt.

Dépenses. — La dépense, qui avait été évaluée d'abord à 50 millions de marcs, pour la part des chemins de fer de l'État, doit être portée à 53 millions de marcs (66 millions de francs) d'après les prévisions actuelles.

Dans cette dépense, la gare centrale doit entrer pour 7 675 000 marcs. Une dépense de 7 450 000 marcs, dont la moitié environ à la charge des chemins de fer, est prévue pour l'établissement du port et ne figure pas dans le chiffre précédent. Les expropriations ne doivent pas coûter plus de 6 millions de marcs. La Ville consent à céder gratuitement les terrains nécessaires qui lui appartiennent, à charge, par le service des chemins de fer, de lui rendre également à titre gratuit les surfaces actuellement occupées et que l'opération doit rendre disponibles. Les terrains nécessaires pour la gare de triage qui faisaient partie d'un domaine de l'État, ont été acquis à un prix peu élevé.

La part de la Ville dans l'opération est représentée par :

1° Une somme de 800 000 marcs, comme contribution au rétablissement des passages inférieurs ou supérieurs primitivement existants;

2° Une dépense d'environ six millions de marcs (dont deux millions pour le déplacement de la Weisseritz) affectés à la création de nouvelles rues et à tous les aménagements généraux motivés par la transformation des gares.

État actuel des travaux. — Les travaux, qui doivent être exécutés, bien entendu, sans apporter aucune interruption à la circulation, ont été commencés dans l'ordre indiqué en 1891.

Ceux du premier groupe sont aujourd'hui presque entièrement terminés.

Ceux du second groupe sont tous commencés à l'exception du pont de l'Elbe pour lequel les négociations avec la Ville sont encore pendantes : les ateliers de Friederichstadt sont à peu près achevés; les travaux de relèvement des voies sont en pleine activité entre Strehlen et la traversée de l'Elbe; enfin on travaille aux fondations du bâtiment de la gare centrale dont la partie en façade sur la Strehlenerstrasse doit être terminée d'abord, pour servir de gare provisoire aux voies relevées, tandis qu'on démolira la gare actuelle et les voies basses encore subsistantes.

De son côté, la Ville pousse activement les travaux qui sont à sa charge : plusieurs rues ont été déviées et la Weisseritz coule actuellement dans le nouveau lit bétonné, de 18 m de largeur au plafond, qui amène ses eaux auprès du village de Cotta où elle se déverse dans l'Elbe.

Le creusement du nouveau port, dont les déblais ont été utilisés pour l'exhaussement général des voies et pour les remblais de la gare de triage, est fort avancé : on prévoit dès à présent qu'il pourra être mis en service en 1896.

La gare centrale doit être terminée en 1897; celle de Neustadt en 1900, en sorte que l'achèvement complet de ces grands travaux, exécutés dans une période de neuf années, semble devoir coïncider avec le commencement du nouveau siècle.

OBSERVATIONS GÉNÉRALES SUR LES GARES PRÉCÉDEMMENT DÉCRITES. QUESTIONS D'ASPECT

J'ai terminé avec les gares de Dresde la série des descriptions des détails que je me proposais de faire : je compléterai ce rapide examen par quelques remarques générales.

Tunnels. — Une disposition commune à la plupart des gares précédemment décrites consiste dans l'établissement de tunnels transversaux servant pour accéder aux quais d'embarquement. Ces tunnels, généralement spacieux, ont une largeur qui varie entre 6 m et 8 m pour les tunnels principaux, entre 4 m et 5 m pour les tunnels secondaires. Établis à une profondeur de 3,50 m à 4,50 m au-dessous du niveau des voies, ces passages souterrains constituent une très bonne solution pour la suppression des traversées à niveau des voies, et le seul inconvénient qu'ils sembleraient pouvoir présenter, celui de l'obscurité, se trouve fort atténué par l'emploi de pavages vitrés supérieurs ainsi que par l'existence des nombreuses baies que les escaliers dé-

bouchant sur les quais ouvrent dans leurs parois latérales. Enfin,
en dernière ressource, on peut encore recourir pour les éclairer au
gaz ou à la lumière électrique. Les parois de ces passages portent
en général des revêtements de faïence claire, qui contribuent à en
augmenter la clarté et leur donnent un aspect propre et agréable.
A Cologne, les escaliers qui mettent les tunnels en communication
avec le quai central sont fort larges, et présentent un palier à
partir duquel ils se retournent par deux rampes parallèles au
tunnel : les voûtes d'arête qui recouvrent ces paliers sont portées
par des piliers trapus en marbre noir d'un bel effet décoratif.

La condition de suppression des traversées à niveau des voies
nécessitant l'adoption de passages inférieurs ou supérieurs, l'emploi des tunnels a sur celui des passerelles l'avantage incontestable d'exiger une différence de niveau sensiblement moins
grande et d'imposer par conséquent aux voyageurs la montée et
la descente d'un nombre de marches notablement moindre. Mais
le choix du tunnel semble particulièrement justifié lorsque,
comme dans presque tous les exemples précédents, les voies et
les quais se trouvent établis en surélévation au-dessus du sol.
Dans ce cas, en effet, les tunnels peuvent être installés de plain-
pied avec la salle des Pas-Perdus qui leur sert d'accès.

Halles métalliques. — Pour ce qui concerne les halles métalliques, les Ingénieurs allemands semblent donner la préférence
aux grandes portées. Elles ont l'avantage de présenter un meilleur
aspect, de fournir une aération plus satisfaisante, de diminuer
le nombre des points d'appui toujours encombrants sur les quais
et de permettre enfin d'embrasser d'un seul coup d'œil l'ensemble
des quais et des voies. Le tableau comparatif suivant permet de
se rendre compte des dimensions des halles et de la surface cou-
verte dans les principales gares précédemment décrites :

DÉSIGNATION DES GARES	NOMBRE DES HALLES	DIMENSIONS DES HALLES			SURFACE COUVERTE
		OUVERTURES	LONGUEUR	HAUTEUR	
		m	m	m	m²
Francfort	3 halles égales.	56 56 56	186	28,60	31 248
Cologne	3 halles. une grande, deux petites	13,37 63,90 13,37	255	24	22 200
Berlin, gare d'An- halt.	1 halle.	60,70	167,80	34,20	10 185
Brême.	1 halle.	59,30	131	27,10	7 768
Hanovre.	2 halles.	37,50 37,50	170	14	6 310
Berlin, gare de Friederichstrasse	1 halle.	36,80	145	19,60	5 336

Quelques aménagements de détail. — Dans les gares allemandes, on trouve toujours à proximité des guichets un bureau
de télégraphe public et souvent aussi un bureau de poste. On
trouve également près de la salle des Pas-Perdus et indépendam-
ment de la consigne des bagages une sorte de vestiaire confié à
la garde du portier de la gare, où les voyageurs peuvent très
commodément et très rapidement se débarrasser de leurs par-
dessus, cannes, parapluies et menus objets, la consigne servant
uniquement pour le dépôt des colis proprement dits.

De petits salons d'attente spéciaux sont réservés presque partout pour les dames.

Enfin, au grand avantage du public, les affiches commerciales
sont généralement proscrites, tandis que des écriteaux bien placés
et très lisibles donnent au voyageur tous les renseignements dont
il a besoin, et lui permettent de s'orienter facilement et sans aide.
A ce point de vue, une disposition utile est à signaler : dans beaucoup de salles d'attente et de buffets, on trouve, au-dessous des
horloges, des cadrans spéciaux où sont marquées en gros carac-
tères l'heure et la direction du plus prochain départ.

Grande propreté des nouvelles gares. — Une observation
générale doit porter encore sur la tenue remarquable de toutes
ces gares, dont quelques-unes pourtant sont déjà en service
depuis d'assez longues années. On est frappé partout de la propreté extrême qui y règne ; nulle dégradation, nulle souillure,
ni sur les murs, ni sur le sol ; on dirait des bâtiments inaugurés
de la veille. Ce résultat ne peut être obtenu que par un entretien
de tous les instants de la part du personnel, car il est à remarquer
qu'en général le respect du public pour les locaux affectés à son
service est en raison directe du soin avec lequel ces locaux sont
entretenus. Le moindre relâchement à cet égard entraîne fatalement de sa part une réciprocité de laisser aller regrettable (1).

Cette remarque sur la physionomie des gares allemandes
m'amène à parler de leur aspect architectural.

Aspect architectural. — La question d'aspect, bien qu'elle
s'écarte davantage de nos préoccupations d'ingénieurs, n'est pas
cependant une des moins importantes quand il s'agit de grandes
gares de chemins de fer, et dans un pays comme le nôtre, où l'ar-

(1) Je signalerai à ce sujet l'adoption à peu près générale pour le revêtement des
quais de carrelages céramiques, beaucoup plus propres et moins glissants que l'asphalte
en usage chez nous.

chitecture a produit tant de chefs-d'œuvre, elle doit être négligée moins qu'ailleurs.

Il est certain d'abord que la première chose que nous montrons actuellement à l'étranger qui nous visite, ce sont nos chemins de fer et nos gares, et, pour notre amour-propre national, il est bon que cette première impression soit favorable et digne du pays qui la donne.

Mais, à un point de vue artistique plus général, c'est peut-être dans la construction des gares de chemins de fer que l'architecture moderne peut trouver son expression la plus originale.

L'architecture, en effet, plus que tous les autres arts parce qu'elle est plus impersonnelle, est appelée à traduire et à résumer en quelque sorte la pensée dominante de chaque époque.

A l'heure actuelle, il est incontestable que la note dominante c'est le développement industriel, effet direct des grandes découvertes scientifiques du commencement de ce siècle, et les chemins de fer, qui jouent aujourd'hui un rôle si considérable dans la vie des peuples, ne sont-ils pas une des expressions les plus caractéristiques de ce grand essor industriel? Il y aurait assurément quelque gloire pour nos architectes à se dégager des traditions qui les condamnent à des pastiches plus ou moins heureux et à donner, pour les gares de chemins de fer, l'expression artistique la plus définitive que peut comporter l'idée moderne.

Chez nos voisins, qui sont à coup sûr moins artistes que nous, mais qui observent consciencieusement ce qui se fait au dehors et qui savent en tirer parti, de grands progrès ont été réalisés dans ce sens, et les quelques vues trop peu nombreuses que je puis joindre à ce travail *(Pl. 101)* permettront de s'en rendre compte.

Voici d'abord les gares de Hanovre et de Magdebourg, aux façades lourdes et tristes, rappelant plutôt par leur aspect massif des casernes, des bâtiments d'administration ou des hôpitaux.

Puis viennent une série de gares dont celles d'Hildesheim et de Cassel offrent des types caractéristiques. Conçues un peu à l'imitation des gares de Vienne, plusieurs de ces gares, par les motifs prétentieux de leur décoration, ressemblent plus à des burgs du moyen âge ou à des édifices religieux du style gothique qu'à des gares modernes de chemins de fer.

La gare d'Anhalt semble d'un aspect déjà mieux approprié à sa destination. Un bel escalier conduit du vestibule du rez-de-chaussée à l'étage supérieur des quais.

Nous arrivons à la gare de Francfort, dont j'ai signalé la disposition intérieure si remarquable et dont la façade, d'un très bel effet, avec ses décrochements puissants, réalise certainement le type le mieux réussi des gares récemment construites en Allemagne.

La gare de Cologne, dont la façade principale n'est pas encore entièrement terminée, manque peut-être un peu de simplicité, mais il est difficile de porter dès à présent un jugement définitif sur son aspect d'ensemble; ce qu'on peut dire toutefois, c'est que la grande halle métallique qui recouvre les voies est d'un aspect très imposant, tandis que le bâtiment central installé sous cette halle laisse — au point de vue des lignes générales et de l'ornementation — beaucoup à désirer.

En dernier lieu, je mentionnerai encore le projet adopté pour la nouvelle gare de Dresde. La façade en est d'un bon style et son exécution promet d'être d'un heureux effet.

J'ajouterai que, pour les projets de la plupart de ces gares, le système adopté a été celui d'un concours largement ouvert à tous les architectes ou ingénieurs, et que ce système libéral semble avoir donné, notamment à Francfort et à Dresde, de très satisfaisants résultats.

CONCLUSION

Cette trop courte étude suffira pourtant, je l'espère, pour permettre d'apprécier l'importance des travaux accomplis en Allemagne depuis une quinzaine d'années. Il est incontestable que dans ces derniers temps nos voisins ont réalisé dans l'outillage de leurs voies ferrées, et surtout dans l'installation de leurs gares, des progrès considérables dont malheureusement nous ne trouvons pas chez nous l'équivalent.

Si pénible que puisse être pour notre amour-propre national cette constatation, il serait puéril néanmoins de se fermer volontairement les yeux. Bien plus, j'estime que le devoir d'un véritable patriotisme consiste à suivre attentivement les progrès réalisés au dehors, de manière à tenir constamment notre activité en éveil (1).

(1) C'est ainsi d'ailleurs qu'ont agi les Allemands eux-mêmes, notamment au point de vue de la tenue de leurs grandes villes. Ceux qui ont visité l'Allemagne il y a vingt-cinq ans et qui peuvent établir des comparaisons entre l'état d'alors et l'état actuel sont très frappés de constater combien, dans l'aménagement des rues, des boulevards et des promenades, dans toutes les questions de voirie en général, ils ont profité en les imitant des progrès qui avaient été réalisés chez nous vers la fin du second Empire.

Quelle est la cause de ce fâcheux état de choses ? Ce n'est pas ici le lieu de le rechercher. Certes, on ne doit accuser ni la bonne volonté des Compagnies, ni le mérite incontesté de leurs Ingénieurs, mais il est certain que le régime général de nos voies ferrées y est pour beaucoup.

Entre l'Angleterre, où l'industrie privée absolument libre et stimulée par la concurrence, opère à ses risques et périls, et l'Allemagne, où l'initiative de l'État s'est entièrement substituée à l'initiative privée, nous représentons une solution intermédiaire qui participe aux inconvénients des deux systèmes sans en présenter les avantages. L'industrie privée, sous l'étroite tutelle de l'administration, perd de sa responsabilité et de son initiative, et la suppression des concurrences lui ôte un de ses principaux stimulants, tandis que l'État, d'autre part, bornant son action à un contrôle qui est souvent une entrave, renonce à rien faire par lui-même et supporte par le fait du système des garanties des charges très lourdes et qui vont croissant d'année en année.

Quoi qu'il en soit, et sans chercher à traiter à fond la question économique, il est impossible de ne pas se demander avec quelles ressources l'Allemagne a pu réaliser les grands travaux sur lesquels je viens d'attirer votre attention. On a parlé d'intérêt militaire, de gros sacrifices que l'État se serait imposés dans un but stratégique. Certes, je ne prétends pas que le remaniement général du réseau allemand n'ait pas à ce point de vue une portée considérable et, soit dit en passant, ce ne serait une raison ni pour nous désintéresser de cette œuvre de transformation ni pour nous détourner de l'imiter chez nous. Mais il est certain que les installations des grandes gares de voyageurs que je viens en particulier de décrire n'offrent qu'un intérêt militaire à peu près négligeable.

L'explication réelle se trouve dans ce fait qu'en Allemagne les chemins de fer rachetés par l'État dans d'heureuses conditions lui apportent chaque année de notables excédents de bénéfices qu'il consacre pour la majeure partie à des améliorations du genre de celles que je vous ai signalées.

En raison de l'importance spéciale des travaux en cours d'exécution à Dresde et de la somme considérable qu'ils représentent, j'ai cherché en particulier à me rendre compte de la situation des chemins de fer de l'État de Saxe, situation qui, d'après la statistique officielle, peut se résumer pour l'exercice 1891 dans les quelques chiffres suivants :

Longueur du réseau. . . . . 2 540 *km.*

Capital de construction . . . . 735 097 000 marcs.
    (soit 290 000 marcs par kilomètre).

Capital de rachat. . . . . 677 668 000 —
    (soit 267 000 marcs par kilomètre.)

Matériel d'exploitation comprenant :

Locomotives. 946
Tenders. 668
Voitures de voyageurs 2 555
Wagons de marchandises 23 931

Service de traction comportant :

Nombre de locomotives-kilomètres effectués. . 24 878 000
Nombre de voitures-kilomètres 202 033 000
Nombre de wagons-kilomètres 616 687 000
Nombre de voyageurs transportés 34 936 592
Tonnes de marchandises transportées. 17 062 745

Recettes :

Voyageurs. 27 067 000
Marchandises. 57 253 000
Recettes accessoires. 4 674 000

        RECETTES TOTALES. 88 994 000

Dépenses :

Administration générale.	4 708 000	
(9,12 0/0).		
Voies et matériel fixe.	10 839 000	51 738 000
(20,85 0/0).		
Traction et matériel roulant . . .	36 191 000	
(70,03 0/0).		
Péages	856 000	
Fonds de renouvellement et de réserve	4 450 000	5 306 000

        DÉPENSES TOTALES. 57 044 000

Recettes nettes. . . . . 31 950 000 marcs
    (soit 4,72 0/0 du capital de rachat).

Coefficient d'exploitation. . . . . 64,10 0/0.

Si l'on calcule à 3 1/2 0/0, taux actuel de la rente saxonne,
l'intérêt du capital engagé pour le rachat des Compagnies, on

trouve une somme de 23 722 000 marcs, qui, défalquée du chiffre des recettes nettes précédentes, laisse un excédent de 8 228 000 marcs, soit plus de 10 millions de francs.

On conçoit qu'avec des excédents pareils, l'Administration des chemins de fer saxons puisse retrouver au bout d'un petit nombre d'exercices la somme nécessaire pour payer des travaux tels que ceux de Dresde.

Faisons par comparaison un calcul analogue pour nos six grands réseaux. En dehors du capital-obligations dont la rémunération doit toujours rester à peu près la même, nous trouvons pour l'ensemble des six Compagnies (Est, Midi, Nord, Orléans, Ouest, P.-L.-M.), un capital social de 1 470 millions en nombre rond. Ce capital absorbe annuellement 158 millions en intérêts et dividendes. Supposons que le rachat par l'État ait pu être effectué comme en Allemagne au moyen d'un capital à peu près égal au capital de construction, en comptant à 3 1/2 0/0 l'intérêt de ce capital, on n'aurait à prélever que 51 millions 1/2 sur la recette nette, d'où une économie de plus de 100 millions, qui non seulement dispenserait l'État de ses versements de garantie, mais laisserait peut-être encore un reliquat disponible et applicable à des travaux de renouvellement.

Je n'ai pas l'intention, bien entendu, de faire ici le procès des Compagnies de chemins de fer, dont la situation est très légitimement acquise et dont les intérêts sont fort respectables. Ayant couru les risques de l'entreprise à ses débuts, il est bien juste qu'elles bénéficient aujourd'hui de ses avantages.

Cette remarque n'a d'autre but que de montrer, contrairement à certaines doctrines économiques, qu'il peut être regrettable pour l'État de se désintéresser trop complètement des grandes entreprises fructueuses, alors que les entreprises moins heureuses et avortées de l'industrie privée retombent toujours fatalement à sa charge.

Enfin, et c'est sur cette observation que je désire insister encore en terminant, on ne saurait trop remarquer, dans toutes les transformations de gares que j'ai précédemment décrites, le soin intelligent avec lequel ces remaniements ont été associés aux questions de voirie et conçus de manière à favoriser l'extension ultérieure des villes.

La création de chemins de fer et le choix dans l'emplacement des gares sont toujours appelés, en effet, à exercer une grande influence sur les développements urbains; et à ce point de vue c'est une grave erreur trop souvent commise de donner aux gares et à leurs dépendances des dimensions trop restreintes, parce que plus tard les terrains avoisinants, ayant pris par l'existence même de ces gares une plus grande valeur, les extensions qui s'imposent deviennent infiniment plus dispendieuses. Aux abords de toutes les gares nouvelles que j'ai décrites, et notamment à Dresde, Dusseldorf, Francfort, etc., les municipalités, sagement prévoyantes, ont arrêté par avance le tracé de quartiers nouveaux, que la proximité des gares devait mettre rapidement en valeur. Il serait à désirer que pareille chose eût lieu fréquemment chez nous, et que les villes comprissent enfin combien le développement des chemins de fer peut, par une judicieuse entente, leur être favorable.

Je dois adresser tous mes remerciements à M. Péronne, chef des travaux photographiques à l'Ecole des Ponts et Chaussées, qui a bien voulu faire exécuter avec grand soin les reproductions photographiques présentées à la séance du 2 mars. Je remercie également M. Mareuse qui m'a prêté fort obligeamment son concours pour les projections.

P. H.

IMPRIMERIE CHAIX, RUE BERGÈRE, 20, PARIS. — (1476-5-94. — (Encre Lorilleux).

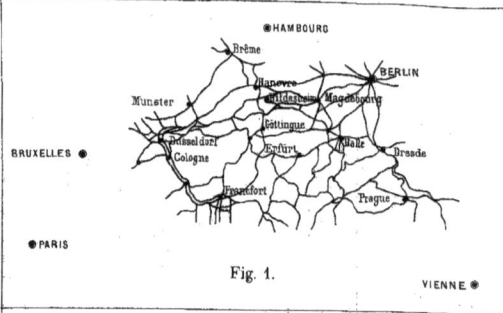

Fig. 1.

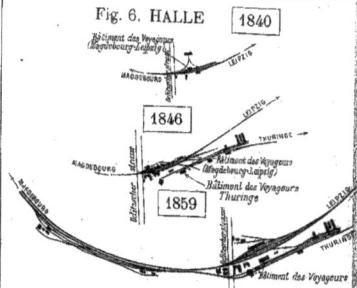

Fig. 6. HALLE

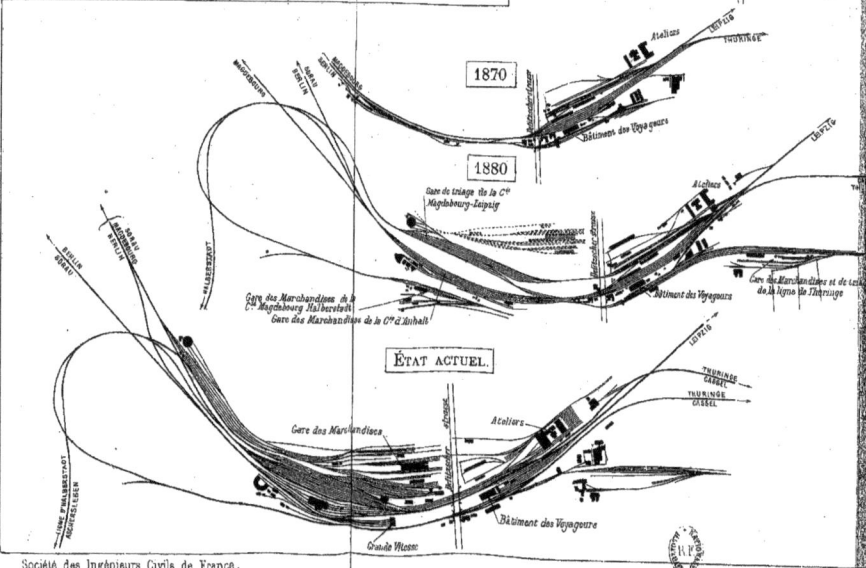

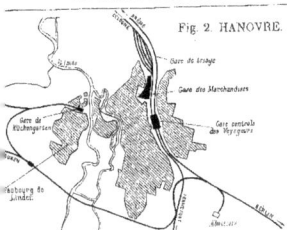

Fig. 2. HANOVRE.

Fig. 3. ÉTAT PRIMITIF.

DUSSELDORF.

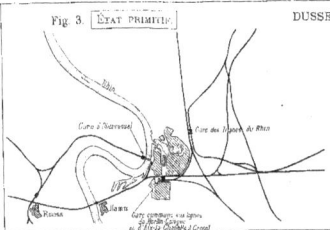

Fig. 4. ÉTAT ACTUEL.

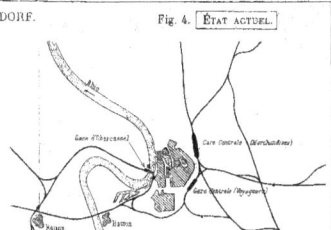

MAGDEBOURG.

Fig. 7. ÉTAT PRIMITIF.

FRANCFORT-s/MEIN.

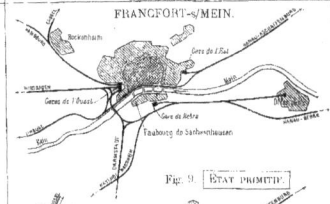

Fig. 9. ÉTAT PRIMITIF.

Fig. 5. COLOGNE.

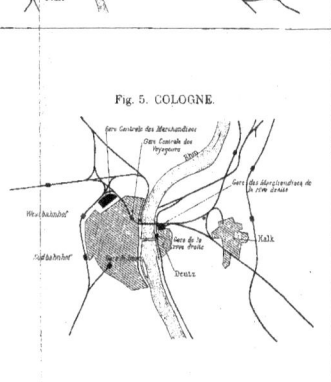

Fig. 8. ÉTAT ACTUEL.

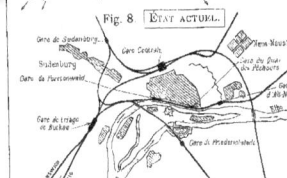

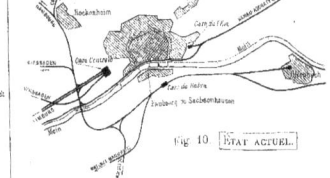

Fig. 10. ÉTAT ACTUEL.

Bulletin de Mars 1894.

Acad.-imp. L. Courier, 43, rue de Dunkerque, Paris.

Fig. 1. HANOVRE.

Fig. 2. BRÊME.

Fig. 7. DUSSELDORF.

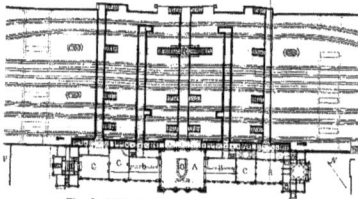

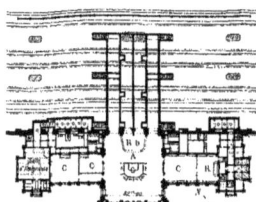

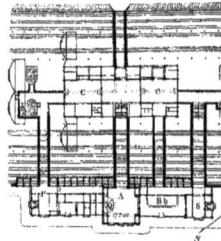

Fig. 3. MUNSTER.

Fig. 6. HILDESHEIM
(Coupe transversale)

Fig. 8. ERFURT.

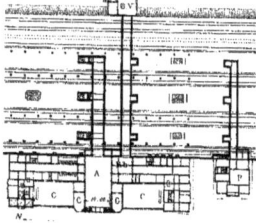

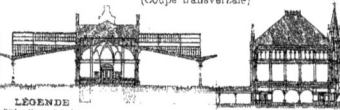

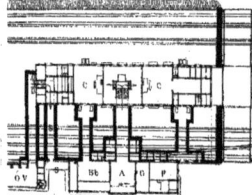

LÉGENDE
(Indications générales)

A Salle des pas-perdus.
G Guichets de distribution des billets.
B Bagages au départ.
b Bagages à l'arrivée.
CC Salles d'attente.
R Buffet restaurant.
P Service de la poste.
GV Service de la grande vitesse.
S Sortie spéciale des voyageurs.

Fig. 5. HILDESHEIM
(Plan)

Fig. 4. GOETTINGUE.

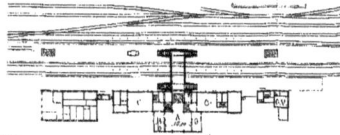

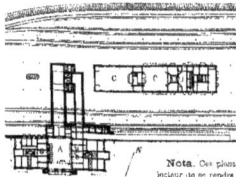

Fig. 10. COLOGNE
(Coupe transversale)

Nota. Ces plans ayant dû être réduits à des échelles différentes, afin de permettre au lecteur de se rendre compte des dimensions des bâtiments on a coté sur chacun d'eux la largeur de la salle des pas-perdus, cette cote pouvant tenir lieu d'échelle.

Pl.100.

Fig. 11. HALLE.

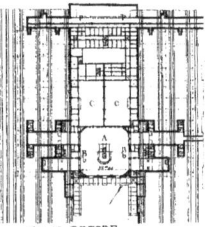

Fig. 12. BERLIN. — Gare d'Anhalt
(Rez-de-chaussée)

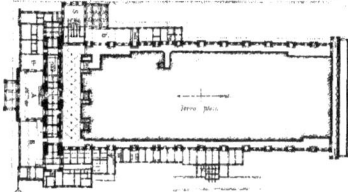

Fig. 13. BERLIN. — Gare d'Anhalt
(Premier étage)

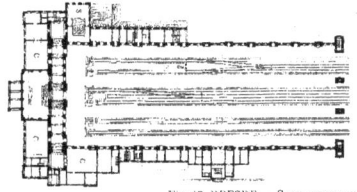

Fig. 15. DRESDE.

Vue d'ensemble des voies dans la nouvelle gare centrale

Fig. 14. FRANCFORT.

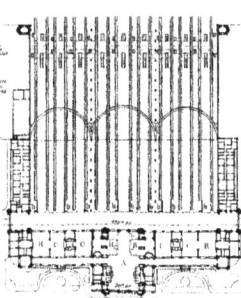

Fig. 16. DRESDE — Gare centrale
(Rez-de-chaussée)

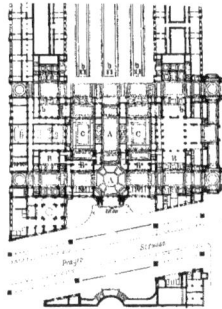

Fig. 17. DRESDE. — Gare centrale
(Premier étage)

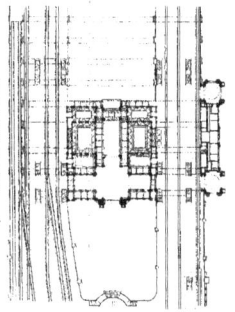

Fig. 9. COLOGNE
(Plan général)

HALLE

HILDESHEIM

MAGDEBOURG
BATIMENT LATÉRAL

DRESDE. — Façade principale

MAGDEBOURG
BATIMENT CENTRAL

HANOVRE

DRESDE. — Façade latérale

CASSEL

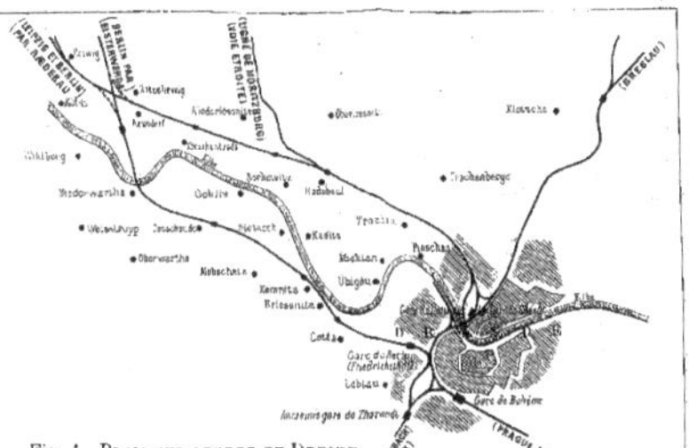

DRESDE

Fig. 1. PLAN DES ABORDS DE DRESDE
(Côté nord-ouest)

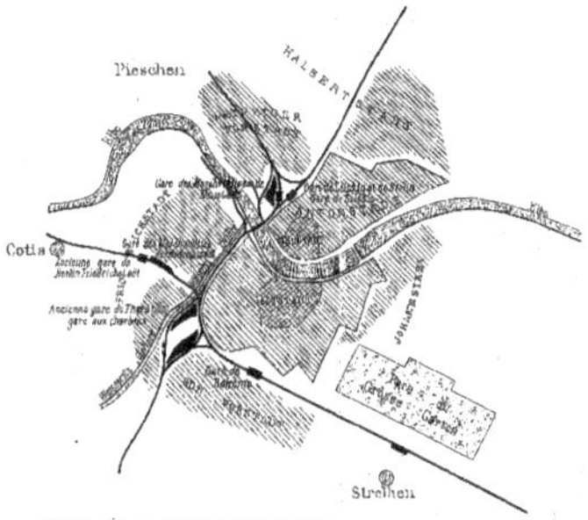

Fig. 2. ÉTAT AVANT LES TRAVAUX

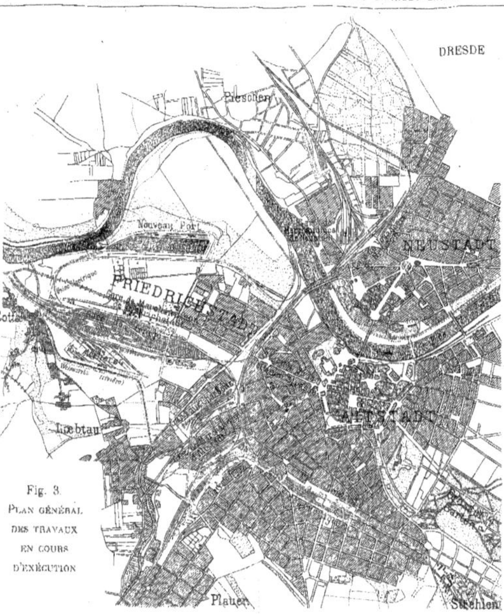

Fig. 3.
PLAN GÉNÉRAL
DES TRAVAUX
EN COURS
D'EXÉCUTION

www.ingramcontent.com/pod-product-compliance
Lightning Source LLC
Chambersburg PA
CBHW070910210326
41521CB00010B/2132